陕西师范大学优秀学术著作出版资助

反应扩散系统中可激发波的斑图动力学

高 翔 著

陕西师范大学出版总社　西安

图书代号　ZZ24N2038

图书在版编目(CIP)数据

反应扩散系统中可激发波的斑图动力学 / 高翔著.
西安：陕西师范大学出版总社有限公司，2024.9.
ISBN 978-7-5695-4605-7

Ⅰ．O413.1

中国国家版本馆CIP数据核字第2024788Q2C号

反应扩散系统中可激发波的斑图动力学
高　翔　著

责任编辑	刘金茹
责任校对	古　洁
封面设计	鼎新设计
出版发行	陕西师范大学出版总社
	(西安市长安南路199号　邮编710062)
网　　址	http://www.snupg.com
印　　刷	西安报业传媒集团(西安日报社)
开　　本	787 mm×1092 mm　1/16
印　　张	8.5
字　　数	131千
版　　次	2024年9月第1版
印　　次	2024年9月第1次印刷
书　　号	ISBN 978-7-5695-4605-7
定　　价	39.00元

读者购书、书店添货或发现印装质量问题，请与本社高等教育出版中心联系。
电话：(029)85303622(传真)　85307864

前　言

斑图动力学是探索斑图产生、演化和消亡规律的科学，涉及物理学、化学、医学、生态学等多个学科。在物理学中，它主要研究系统中的非线性相互作用和复杂行为，有助于理解如晶体生长等自然现象。斑图也出现在化学系统中，如贝洛索夫－扎波金斯基反应中的螺旋波及其湍流态；还有社会学和生态学中，如研究群体行为和种群动态。

反应扩散方程是描述斑图中节点内反应和节点间扩散现象的偏微分方程，其解可以揭示所研究物理量的时空行为和规律。根据反应项参数的不同，反应扩散系统展现出多样的动力学行为，其中可激发系统是一个典型。其由许多具有阈值响应的节点构成。在二维可激发系统中，物理量的时空变化可呈现行波形式，形成可激发波的斑图。现实中反应扩散系统常存在缺陷，比如在医学的心肌组织中，缺陷对应于组织损伤或其他非心肌的组织。缺陷与可激发波的交互作用至关重要，影响波的传播速度、形状和稳定性。研究这些现象有助于更深入地理解反应扩散系统中可激发波的斑图动力学。

本书借助理论建模对激发波与不同类型缺陷的相互作用进行了全面的介绍和分析。其中，第 2 章和第 3 章重点探讨了与不可激发型缺陷的相互作用，第 4 章和第 5 章则着重探讨了与非均匀激发型缺陷的相互作用。对于可激发波和不可激发型缺陷的相互作用，尽管已经有大量理论分析、数值模拟和实验测量研究，但是一个和实验数据相吻合的理论分析结果仍然有待完善。

在第 2 章中，我们结合非线性程函关系、色散关系和动力学方程，提出了一个和数值模拟结果定量吻合的理论分析方法，很好地解释了钉扎螺旋波在周期波驱动下的动力学行为，特别是去钉扎过程中的动力学稳定性和失稳发生的条件。该理论不仅可以很好地解释去钉扎过程，也可以用来解释缺陷产生的螺旋波和钉扎多臂螺旋波的情况。同时，为了得到更精确的数值模拟结果，我们使用了"相场法"，详细的解释可以参见附录。

在第 3 章中，我们将上面的理论方法应用在心脏这类可激发系统中。特别是当涡旋（也称为螺旋波）被固定在解剖性缺陷上时，就会产生解剖性再入，从而导致一类在生理上非常重要的心律失常。以前的研究中对其动力学和不稳定性的分析提供了一些特殊情况下的估计，如大尺寸或弱可激发性缺陷的情况。为了将理论分析扩展到更一般的情况，本书提出了一种通用理论，其结果与直接数值模拟的结果定量吻合。特别是，当缺陷较小时，钉扎螺旋波会失稳，通过使用理论中的映射规则和降维方法，我们可以准确解释二维介质中的螺旋波与不可激发型缺陷相互作用的动力学过程和不稳定性。这一研究结果可以更好地解释心律失常的机理，从而改善心律失常的早期预防。

对于可激发波和非均匀激发型缺陷的相互作用，我们在第 4 章中首次在一个由激发性强的环形区域包围住激发性弱的圆形区域构成的盘状激发性不均匀介质上，发现了大家广为期待的可激发系统中向内传播的螺旋波。我们使用色散关系讨论了向内传播的螺旋波存在的条件，并发现推导出的结果能够很好地和数值模拟中向内传播的螺旋波存在的边界相吻合。

为了从理论上定量地给出受非均匀激发型缺陷影响的向内传播的螺旋

波的动力学行为，我们在第 5 章中简化了上面的情况：类似于将盘状介质展开，构建了一个由激发性强的条状区域和一个激发性弱的条状区域并排拼接而成的彩条状激发性不均匀介质。随后通过数值模拟，我们得到了从中间截断的波段在此介质上传播的各项参数以及相关结果。接着我们使用线性程函关系、色散关系和运动学方程，给出了波段存在的范围和传播时的各项参数。对比之前得到的数值模拟结果，我们验证了理论解释的定量一致性。

综上，本书借助更为定量符合的理论分析方法和更为精确的数值模拟方式，通过深入浅出的方式将复杂的概念和理论转化为易于理解的形式，对反应扩散系统中激发波与缺陷相互作用的全面研究结果进行了详细阐述，并结合程函关系、色散关系和运动学方程，给出了深入的理论解释。该理论不仅成功解释了可激发波与不可激发型缺陷的相互作用，还对非均匀激发型缺陷的相互作用进行了全面剖析。同时，针对真实系统中出现的多种常见现象，提出了预防和解决的建议，并预测了新现象可能出现的条件。无论是对反应扩散系统有兴趣的初学者，还是从事相关领域研究的专家，本书都将是一本宝贵的参考书籍。它有助于读者深入了解反应扩散系统中激发波与缺陷相互作用的机制，并为其在该领域的研究中提供重要的理论支持和指导。

高翔

2024 年 6 月

目 录

第1章 绪论 ··· 1
  1.1 反应扩散系统中的斑图 ··· 1
  1.2 可激发系统 ··· 5
    1.2.1 可激发性 ·· 6
    1.2.2 激发波 ·· 7
  1.3 缺陷 ·· 9
    1.3.1 不可激发型缺陷 ·· 10
    1.3.2 非均匀激发型缺陷 ·· 11
  1.4 可激发波和缺陷相互作用 ······································ 11

第2章 周期性激发波去除钉扎在不可激发型缺陷上的螺旋波 ············ 14
  2.1 引言 ··· 14
  2.2 抗心动过速起搏 ·· 20
  2.3 理论方法 ·· 26
    2.3.1 程函关系 ·· 26
    2.3.2 色散关系 ·· 27
    2.3.3 运动学方程 ·· 28
    2.3.4 理论方法 ·· 30
    2.3.5 边值问题 ·· 31
    2.3.6 钉扎螺旋波的色散 ·· 33

2.3.7 理论给出的失稳点 ································· 34
　2.4 讨论 ·· 35
　2.5 小结 ·· 36

第3章 围绕不可激发型缺陷旋转的钉扎螺旋波动力学和最小缺陷尺寸的存在 ·· 37
　3.1 引言 ·· 37
　3.2 数值模拟及结果 ··· 38
　3.3 理论分析及结果 ··· 41
　　3.3.1 加入程函关系的动力学方程理论 ····················· 41
　　3.3.2 理论结果在广泛情况下吻合模拟结果 ·············· 47
　3.4 讨论及结论 ·· 49

第4章 不均匀激发介质中向内传播的螺旋波 ····················· 51
　4.1 引言 ·· 51
　4.2 数值模拟模型 ·· 54
　4.3 结果讨论 ··· 60
　4.4 小结 ·· 63

第5章 波段在条状不均匀可激发介质中的运动 ·················· 65
　5.1 引言 ·· 65
　5.2 数值模拟模型 ·· 67
　5.3 "彩条"状非均匀介质上的数值模拟结果 ··················· 69
　5.4 自由边界法 ·· 71
　5.5 自由边界法解的存在范围 ··· 76
　5.6 由 c_l 决定的波段解的两个临界情况 ······················· 79
　5.7 阻断现象 ··· 80
　5.8 小结 ·· 82

第 6 章　不均匀可激发介质中快速传播区域引发螺旋波 ············ 84
6.1　引言 ····················· 84
6.2　理论及模型 ············· 85
6.3　数值模拟结果 ·········· 86
6.3.1　从矩形快速传播区产生的螺旋波 ·············· 86
6.3.2　矩形快速传播区的临界长度 ·················· 89
6.4　分析 ····················· 91
6.4.1　非阻挡和非渗透边界分析 ····················· 91
6.4.2　圆角矩形快速传播区临界长度 L_c 分析 ······ 93
6.4.3　t_p 的延迟机制 ················ 95
6.4.4　预热对 c_v 的影响 ············· 97
6.5　结论及应用 ············· 99

第 7 章　总结 ················· 101

参考文献 ····················· 104

附录：相场法 ················ 120

第1章 绪论

1.1 反应扩散系统中的斑图

斑图动力学中所研究的斑图(pattern),是指远离热力学平衡态的各种物理、化学、生物系统中自发形成的各种各样的时空有序结构[1]。其中有一类斑图在空间上呈现周期有序的定态结构,如图 1.1 中所示斑马体表的条形斑纹、美洲豹身上的点状斑图等。图灵(Alan Turing)早在 1952 年就对此做了预言[2],因而这一类斑图也就称为图灵斑图(Turing pattern)。图灵斑图首次在化学实验中由欧阳颀等人观察到是在 20 世纪 90 年代初[3]。直到 2012 年,人们才从生物实验中直接证实了图灵斑图的存在[4]。还有一类斑图不但在空间上呈现周期的结构,而且在时间上也呈现周期振荡的行为,这一类斑图称为波斑图(wave pattern)。这些斑图的形成和系统本身内在的非线性动力学是紧密联系在一起的。因而形成的斑图动力学是非线性科学中的一个重要分支。靶波和螺旋波是两种典型的波斑图。在 BZ 反应(Belousov-Zha-botinsky reaction)中(图 1.2)[5-8],在 CO 在 Pt 表面的催化氧化反应中(图 1.3)[6],在黏性霉菌系统的自组织过程中(图 1.4)[9-12],在心肌细胞的心电信号传播过程中[13],在宇宙空间星系的自组织过程中[14],都有它们的身影。近年来,众多心脏实验研究表明心动过速(tachycardia)及心室颤动(ventricular fibrillation)与螺旋波的自组织行为及螺旋波湍流态有密切的关系[15-16]。因此,深入研究螺旋波的性质,掌握螺旋波的基本动力学行为,进而提出有效的控制螺旋波行为及螺旋波湍流态的方法将为预防和控制心动过速及心颤提供重要信息。

图 1.1 斑马身上的条形斑纹和美洲豹身上的点状斑图

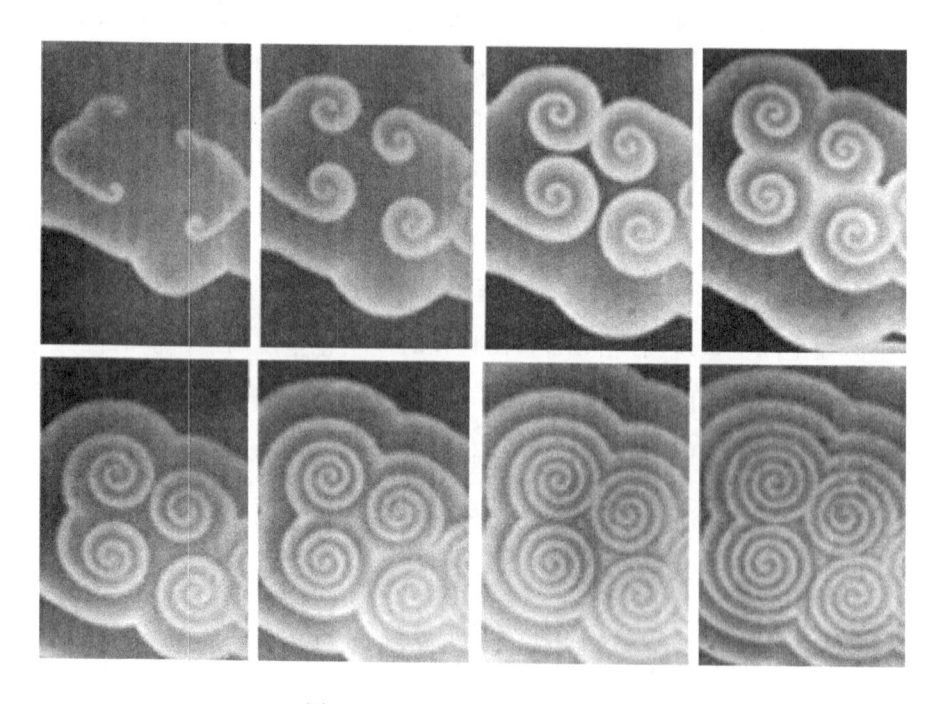

图 1.2 BZ 反应中螺旋波的形成

螺旋波

靶波

螺旋波
湍流

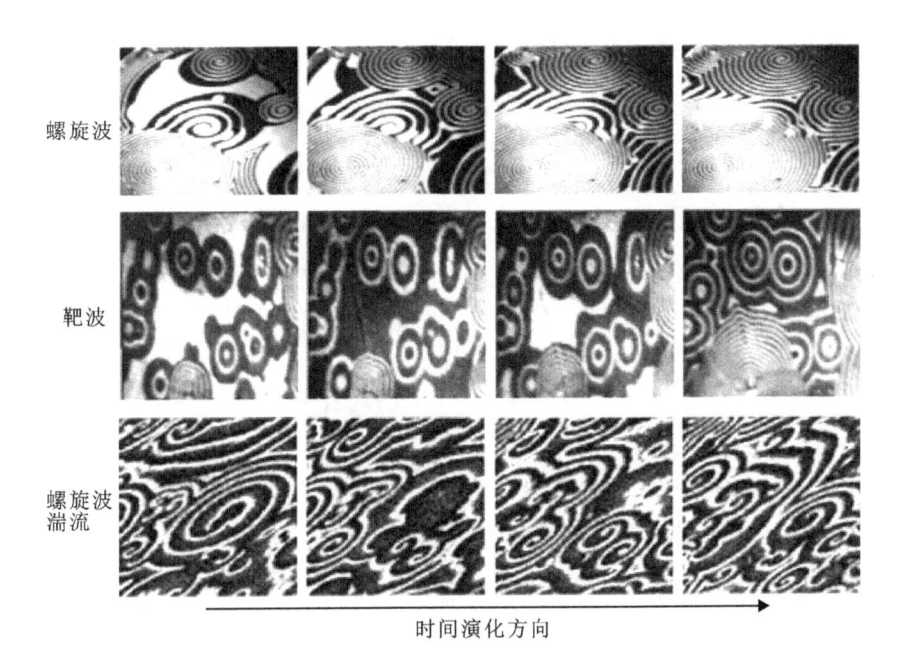

时间演化方向

图 1.3　CO 在 Pt 表面的催化氧化反应中的各种波斑图[6]

图 1.4　黏性霉菌系统中的变形虫在聚集过程中形成的靶波和螺旋波斑图[9]

从上面的介绍中我们发现，无论是在化学反应，还是生物的黏菌系统，抑或是心肌组织中，都可以观察到类似的如靶波和螺旋波的波斑图。这些表面看起来互不相关的系统，却展示出一些类似的性质。从某种程度上意味着，这些系统之间存在某种内在的共性。研究表明，从数学角度讲，上面所提到的各种化学反应系统、生物介质中发生的现象，都可以用一类反应扩散方程来描述。其基本形式可写成如下偏微分方程：

$$\frac{\partial \boldsymbol{C}}{\partial t} = F(\boldsymbol{C}, \mu) + \boldsymbol{D}\nabla^2 \boldsymbol{C} \qquad (1.1)$$

其中 $\boldsymbol{C}$ 为反应物浓度向量，μ 代表系统控制参量的总和，F 代表系统的动力学函数，$\boldsymbol{D}$ 是扩散系数矩阵，∇^2 为拉普拉斯算符。

一般的双变量反应系统，其形式是

$$\frac{\partial u}{\partial t} = f(u,v)/\epsilon + D\nabla^2 u \qquad (1.2)$$

$$\frac{\partial v}{\partial t} = g(u,v) + \delta D\nabla^2 v \qquad (1.3)$$

其中 u、v 为系统变量，ϵ 远小于1，表征了反应项 $f(u,v)$ 和 $g(u,v)$ 反应速率的比值，δ 为扩散系数的比值，等式右边第一项为反应动力学项，第二项为扩散项。反应扩散系统中 u、v 也称为快变量与慢变量，由于 u 的作用使系统激发，又由于它们两者的作用使系统恢复，在具体的激发介质中，两者都有着具体的意义。比如，在神经肌肉组织电信号传播中，u 为膜电动势，v 为离子传导率；在黏性霉菌自组织形成的行波中，u 为环腺苷，v 为膜感受器；等等。

由式(1.2)和式(1.3)可知，反应扩散方程中的扩散项为线性项。从数学的线性微分方程理论知道，一个线性微分方程所规定的无穷大系统，不可能从一个空间均匀态自组织形成一个有序的、非均匀的渐进稳定结构。因此斑图的自组织形成要求方程的反应项 $f(u,v)$ 是非线性的。再由于反应系统的动力学行为在热力学平衡态附近总可以近似看成是线性的，反应扩散系统中斑图自组织的第一个必要条件就是反应扩散系统必须远离热力学平衡态。另外，可以证明支持斑图自组织的化学动力学系统必须存在一个反馈回路，如自催化或反应自阻滞过程。前者是指反应物对反应本身有催化作用。两者都使化学反应速度随时间增加。

一个系统的属性，主要由动力学函数 $f(u,v)$ 和 $g(u,v)$ 共同决定。对于不同的系统，动力学函数 $f(u,v)$ 和 $g(u,v)$ 一般是有所不同的。具体地讲，在由动力学变量 v 和 u 构成的相空间中，它们的等值线（nullclines）$f(u,v)=0$ 和 $g(u,v)=0$ 的相对位置，决定了系统的基本属性。根据等值线 $f(u,v)=0$ 和 $g(u,v)=0$ 的相对位置不同，系统可以展示不同的动力学，比较典型的有可激发系统和时序振荡系统。

1.2 可激发系统

可激发系统是指由许许多多具有可激发性的单元（element）通过某种耦合作用（如扩散耦合、传导耦合）所构成的空间延展体系。所谓可激发性的单元，是指当外界的刺激大于某一个阈值（threshold）时，它突然会有一个很大的响应，反之当刺激低于该阈值时，它几乎没有什么响应，并且该响应会很快地衰减。一些化学反应，如上面所提到的 BZ 反应、CO 在 Pt 表面的催化氧化反应，生物介质，如心肌细胞、黏菌系统，都可以表现出可激发的性质，也是常见的可激发系统。我们在后面研究和探讨的都是可激发系统下螺旋波的动力学行为。

可激发系统中反应项 $f(u,v)=0$ 的曲线形状通常类似于一个倒 N 形。给定一个 v 值，在一定区域内 u 可能有三个不同的定态值，这种情况是系统可激发的一个必要条件。我们在图 1.5(a) 中用两条线分别给出了等值线 $f(u,v)=0$ 和 $g(u,v)=0$ 在 (u,v) 坐标上的情景。

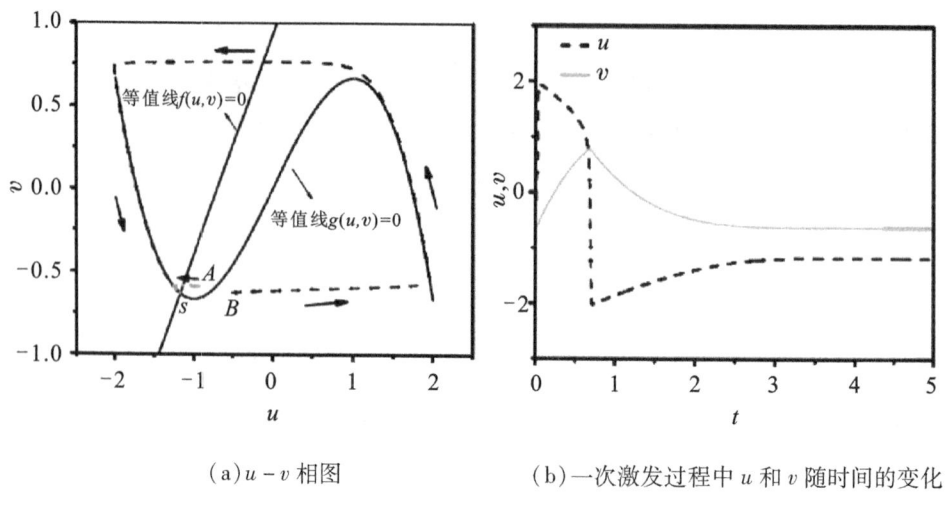

(a) $u-v$ 相图　　　　　　　　(b) 一次激发过程中 u 和 v 随时间的变化

图 1.5　可激发系统在相空间的动力学行为

图 1.5(a)表明系统有一个唯一的均匀定态解(点 S)。对这个定态解做线性稳定性分析,可以证明它是渐近稳定的。也就是说,当系统受到一个小的扰动(点 A)时,它会迅速回落到均匀定态。但是由于 $f(u,v)$ 函数的特殊性质,以及变量之间的动力学时间尺度有很大差别,系统对大的扰动是不稳定的。当扰动超过一定的阈值(点 B),对应于 $v<v_{\min}$ 时,由于变量 u 的动力学时间尺度远小于 v 的动力学时间尺度,系统首先会被很快地激发到远离定态解的区域,对应于 $f(u,v)=0$ 曲线的另一个分支,然后慢慢沿 $f(u,v)=0$ 曲线运动到 $v=v_{\max}$ 的位置,再很快地跃迁至 $f(u,v)=0$ 曲线的稳定分支,最后弛豫到初始位置。其路径也用 u、v 随时间 t 的变化曲线来表示,如图 1.5(b)所示。这就是可激发系统。

1.2.1　可激发性

可激发系统在由参数决定的不同可激发性下,会表现出不同的特性。而度量系统可激发性的参量有以下两个。

1. 反应项 $f(u,v)$ 和 $g(u,v)$ 反应速率的比值 ϵ

可激发系统中快变量 u 和慢变量 v 中的快慢是指 u 和 v 分别对应的反

应项 $f(u,v)$ 和 $g(u,v)$ 的反应速率的快慢。通常 ϵ 越小，意味着 $f(u,v)$ 的反应速率相比 $g(u,v)$ 而言就越快。而 u 的自催化就体现在 $f(u,v)$ 的反应速率相比 $g(u,v)$ 而言很快，以至于在 $f(u,v)$ 反应期间，v 可以视作没有变化。在可激发系统中，我们经常取 $\epsilon \ll 1$，而且 ϵ 越小，可激发性越强。

2. 扰动的阈值

可激发系统需要扰动超过一定的阈值才能被激发起来，而这个阈值的大小也决定了系统是否容易被激发，即激发性的强弱。

1.2.2 激发波

一个空间均匀分布的、由可激发单元所组成的反应扩散系统可能出现行波。设想如果在空间上的某一个局限区域内系统被激发到临界值以上，反应物 u 的自催化效应使其本身的浓度在激发区猛然增加，从而在该区域与和它相邻的区域之间产生一个很大的浓度梯度。由于扩散效应，反应物 u 将会扩散到与原激发区相邻的区域，并将它们拖至临界值以上，使得它们也被激发，这就形成了一个化学波峰。在波峰的背后，被激发的区域会逐渐弛豫到激发前的状态。从整体上观察，系统表现为一个孤立波从激发源向外移动。如果激发源处的激发是周期性的，系统表现为一连串的行波。行波的速度由激发强度和扩散速度决定。因为系统的可激发性是由变量 u 的自催化效应引起的，而变量 u 与 v 的相互作用使得系统恢复到原来的状态，人们又称 u 为触发变量(trigger variable)，v 为恢复变量(recovery variable)，不同可激发系统中的触发变量和恢复变量各不相同。例如，神经肌肉组织(心肌)中电信号的传播，触发变量是膜电动势，恢复变量是离子传导率；在黏性霉菌自组织形成的行波中，触发变量是环腺苷酸(cAMP)，恢复变量是膜感受器。在宏观世界里，流行病的传播也是行波的形式。这时触发变量是病原，恢复变量是免疫力。在宇观世界里，螺旋状星系也可以看成是一种行波的自组织现象。在这个过程中，触发变量是分子云密度，恢复变量是分子云温度。

在二维系统中,如果激发源是一个点,系统会形成一个环状的化学波向外扩张。如果这个激发源是周期性的,就可能观察到系列的环状行波,又叫"靶波"(target wave),其形成过程如图 1.6 所示。

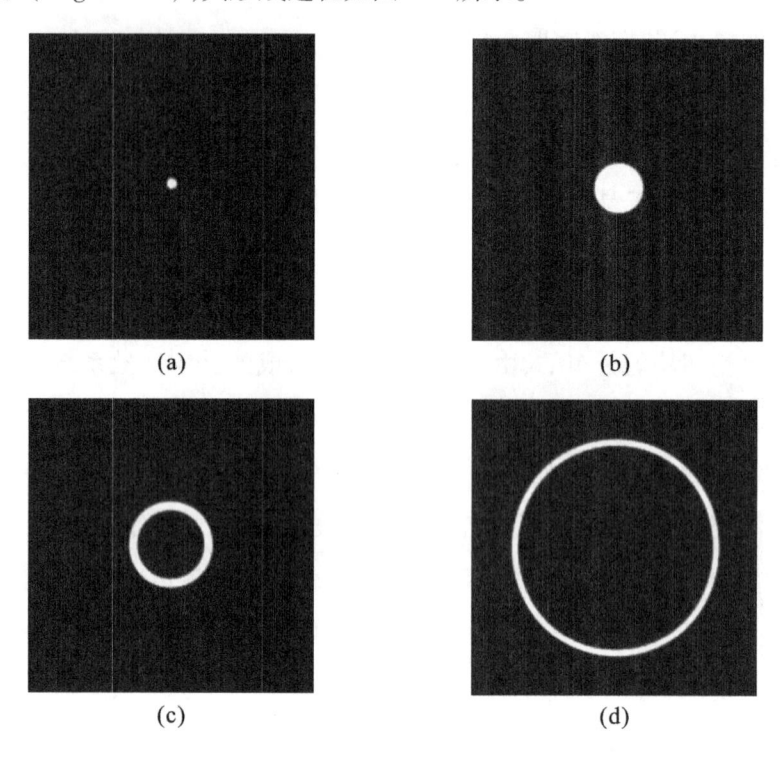

图 1.6 靶波的形成

如果激发源是一条线,系统会形成一个平行线状波。波的行进方向与平行线垂直。而对于螺旋波的产生,可做这样一个假象实验:首先制造一个线状波,然后将线状波从中间切断并抹掉一小段,也就是说在线状波上造两个端点。此时,在远离端点的区域,线状波波峰的邻近点受左右两个方向上扩散而来的触发变量的影响,比较容易受激发,因而波速较快;而在端点区域,由于波峰附近的点只受到来自一个方向上的触发变量的激发,激发强度相对较弱,因而波速较慢。于是从整体上看,当波向前移动时,端点的相对位置会有一个滞后。这个滞后使得线状波在端点附近弯曲。由于这种端点效应总是存在的,随着时间的增长线状波会逐渐演化为螺旋波,其形成过程如图 1.7 所示。

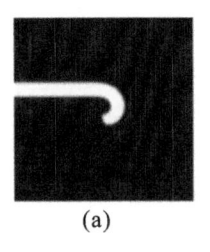

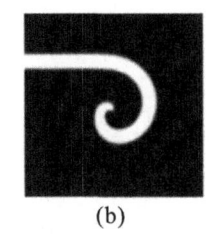

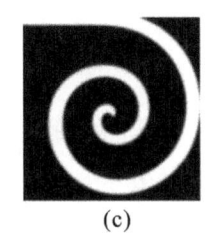

(a)　　　　　　　(b)　　　　　　　(c)

图 1.7　螺旋波的形成

需要说明的是,螺旋波与靶波不同,它不需要周期性的激发源,因而它是自持续的。此外,螺旋波的中心是一个点缺陷,系统所有的动力学行为都受这个点缺陷行为的左右,怎样描述这个点缺陷的动力学行为是非线性科学中的一个难题。由于在一个系统中容易制造缺陷而难以消除缺陷,因此研究螺旋波动力学规律的一个重要目的,就是要寻找消除螺旋波组织中心(点缺陷)的有效途径,这将对心脏病研究产生重要影响。

激发性决定了激发波的动力学行为,继而决定了激发波的斑图等一系列外在特征。可激发介质是一种连续的介质,通过相邻元素的耦合作用可以产生行波,同时它也具有扩散作用,能把刺激传播出去。

比如我们熟悉的螺旋波,它就是给了一定的初始刺激之后,邻近点的值被拉到高于阈值被激发,然后激发波就在空间扩散开来,因为远离端点区域,邻近点受两个方向扩散而来的触发变量影响,而端点处有一定的滞后,并只受一个方向影响,所以激发强度弱、波速慢,这种端点效应一直存在,从而就形成了螺旋波。

1.3　缺陷

均匀系统通常是为了满足理论抽象的需求而设定的理想模型。然而,在实际情况中,大多数系统都是非均匀的。这些不均匀或异构的区域,我们可以称之为"缺陷"。在真实系统中,这些缺陷可以根据其边界特性或内部属性进行分类,具有多种类型。本书将重点介绍两类缺陷:不可激发型缺陷和非均匀激发型缺陷。

1.3.1 不可激发型缺陷

有种缺陷对应于其内部不是可激发系统,当激发波传播到缺陷边界处,无法通过边界继续在其内部继续传播,这种缺陷就叫不可激发型缺陷[17]。

例如,在心脏系统中,真实的心脏并不是一个由心肌细胞均匀排列构成的圆球。首先,它具有左右心房和左右心室,一共四个解剖学结构,如图1.8所示。这四个解剖学结构空洞中充满血液或是空气,都是不具有可激发性质的系统,因此它们是无法传播心电信号的。

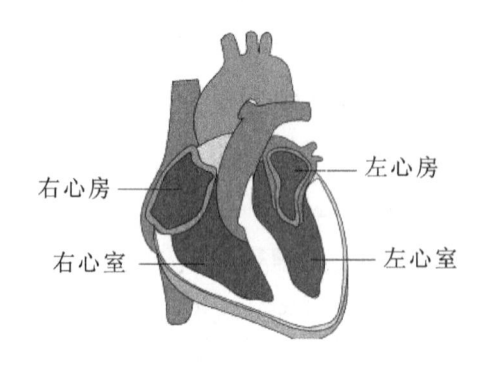

图1.8 心脏结构示意图

其次,为了给心肌细胞提供养料,心肌中密布着血管,如图1.9所示。血管是不具有可激发性的结缔组织,因此,心电信号也是无法通过血管的。

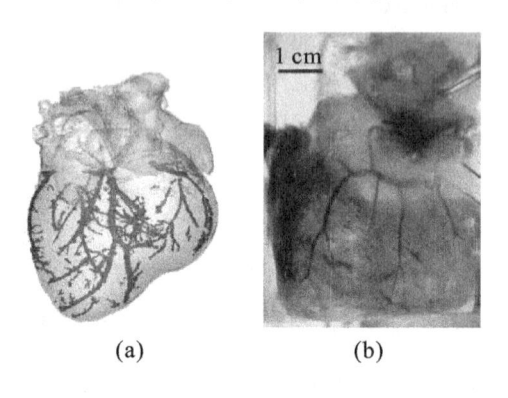

图1.9 心脏中的血管[18]

1.3.2 非均匀激发型缺陷

正如1.2.2节所讲,激发性由一系列的参数决定。而在真实系统中,激发性也并不是均匀的。随空间或是时间的不同,激发性也可能有所不一样,这样的缺陷就叫非均匀激发型缺陷。

比如,在心室中还有广泛分布的神经细胞——浦肯野纤维(Perkinje's fiber),如图1.10所示。神经细胞是高度可激发的系统,因此心电信号在其上传播时,传播速度更快,更容易被激发。

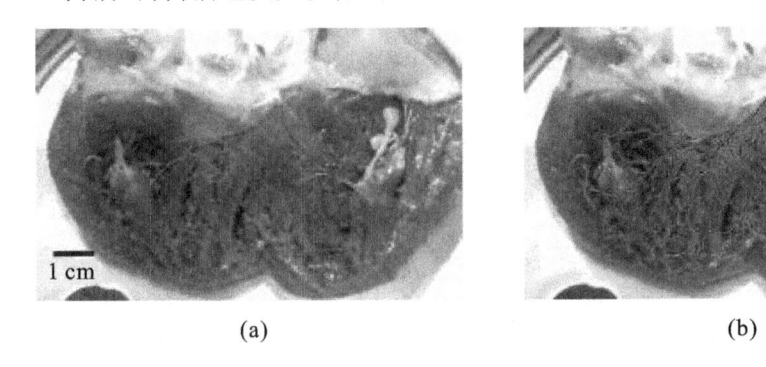

图1.10 心室中的浦肯野纤维[18]

同时,心脏是一个不断变化的系统,会随着时间而老化,医学上称为纤维化。比如,如果因为心肌梗死等原因导致局部区域缺血,时间较短的话心肌细胞还能够恢复。时间稍长,缺血的心肌细胞就会受到永久性创伤,导致可激发性下降。那么相对于周边正常可激发性的心肌细胞,缺血区域的心肌细胞就可被视为可激发性不均匀的区域。如果时间过长,整片区域内的心肌细胞都会死亡,导致该区域变得不再能被激发,心电信号也就无法传播了。

1.4 可激发波和缺陷相互作用

真实的反应扩散系统中充满了各种缺陷,特别是在我们关心的心脏系统中。其中尤以不可激发型和非均匀激发型最为常见。二者分别对应于解剖学结构（两心房、两心室）、血管、组织损伤和缺血导致的局部区域可激发性下降。

因为缺陷会对附近的可激发波产生相互作用，甚至将附近自由的可激发波吸引过来。所以在充满缺陷的真实反应扩散系统中，可激发波更多地是在和缺陷相互作用。

因此，我们研究反应扩散系统中的可激发波，就更应关注于其与各种缺陷的相互作用，即被缺陷影响的可激发波所体现出来的各种表征现象。

对于可激发波和不可激发型缺陷的相互作用，尽管已经有了大量理论分析、数值模拟和实验测量的研究，但是一个和实验数据相吻合的理论分析结果仍然有待完善。因此，在第2章我们结合非线性程函关系、色散关系和动力学方程，提出了一个和数值模拟结果定量吻合的理论分析方法，以便更好地解释钉扎螺旋波在周期波驱动下的动力学行为和对应于去钉扎过程的动力学失稳点的情况。该理论不仅可以很好地解释去钉扎过程，也可以用来解释缺陷产生螺旋波和钉扎多臂螺旋波的情况。同时，为了得到更精确的数值模拟结果，我们使用了相场法，详细的解释可以参见附录。

对于可激发波和非均匀激发型缺陷的相互作用，我们首次在一个由激发性强的环形区域包围住激发性弱的圆形区域构成的盘状激发性不均匀介质上，发现了大家广为期待的可激发系统中向内传播的螺旋波。我们使用色散关系讨论了向内传播的螺旋波存在的条件，推导出的结果能够很好地和数值模拟中向内传播的螺旋波存在的边界条件相吻合。

进一步，为了从理论上定量地给出受非均匀激发型缺陷影响的向内传播的螺旋波的动力学行为，我们简化了上面的情况：类似于将盘状介质展开，构建了一个由激发性强的条状区域和一个激发性弱的条状区域并排拼接而成的彩条状激发性不均匀介质。我们测量了一个从中间截断的波段（wave segment）上的各项传播参数，得到了数值模拟结果。接着我们使用线性程函关系、色散关系和运动学方程，给出了波段存在的范围和传播时的各项参数。对比之前得到的数值模拟的结果，我们验证了理论解释的定量一致性。

综上，我们结合程函关系、色散关系和运动学方程给出的理论解释，能够很好地解释可激发波和不可激发型缺陷以及非均匀激发型缺陷的相互作用，从而给出了对应真实系统中多种常见现象的预防和解决建议，预示了新现象在真实系统中可能出现的条件。为我们进一步了解真实反应扩散系统中可激发波与缺陷的相互作用，提供了更为定量符合的理论分析方法和更为精确的数值模拟方式。

第 2 章 周期性激发波去除钉扎在不可激发型缺陷上的螺旋波

2.1 引言

正如第 1 章所讲,不可激发型缺陷在反应扩散系统,特别是心脏系统中十分普遍[18];心脏中的解剖学结构(两心房、两心室)、血管,甚至是组织损伤,都无法传播激发波,因此都可以被当作是不可激发型的缺陷来处理[19]。

在(周期性)平面激发波经过时,这些缺陷会将其截断。如果缺陷较小,或是激发波的周期足够大,或是介质的激发性较强,分开的平面激发波最终会合二为一,如图 2.1(a)所示。但是,如果缺陷足够大,或是激发波的周期足够小,或是介质的激发性较弱,缺陷会使得平面激发波最终演化成分开的两个波,如图 2.1 中(b)和(c)所示。在图 2.1 的三个子图中,一个平面波的波前(WF)从下往上经过中间黑色标示的不可激发型缺陷。图 2.1(a)中介质的激发性正常,所以一个平面波(1)在被缺陷截断分开(2)后,紧贴着缺陷的上边界移动,并重新会聚在一起(3),最终变回平面波(4)。图 2.1(b)中介质的激发性较弱,所以平面波(1)被截断后(2),两个波会离开缺陷(3),形成两个端点(PS),并最终形成两个旋转方向相反的螺旋波。图 2.1(c)中介质的激发性很弱。截断的平面波(2)离开(3)后,因为激发性太弱,无法形成螺旋波,而是逐渐收缩(4)。这说明了缺陷在条件适当时,是会将平面激发波变成螺旋波的。

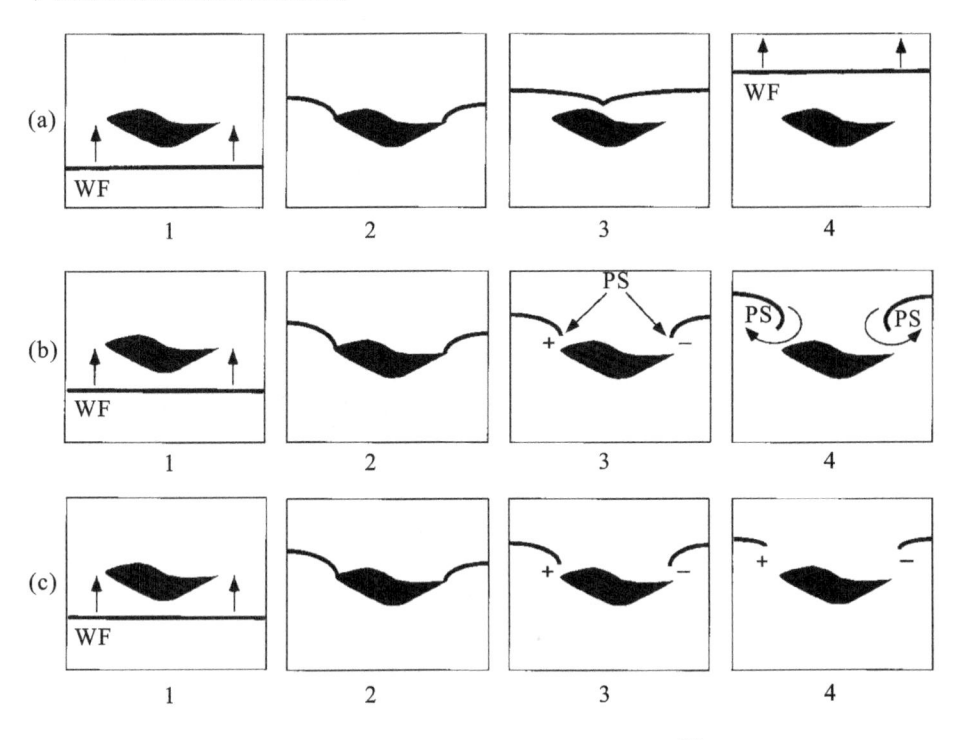

图 2.1　不可激发型缺陷诱发螺旋波产生[20]

这一过程最早是在 BZ 反应中被发现的[21]（图 2.2），随后在心脏系统中被证实[22]（图 2.3）。因缺陷而产生的螺旋波,被认为是产生心动过速的主要原因[20,23-24],如图 2.4 所示。相比从窦房结发出的正常心跳的频率,螺旋波的频率较高,而心动过速会进一步发展为致死的心颤[15,22,25-28],如图 2.5 所示。

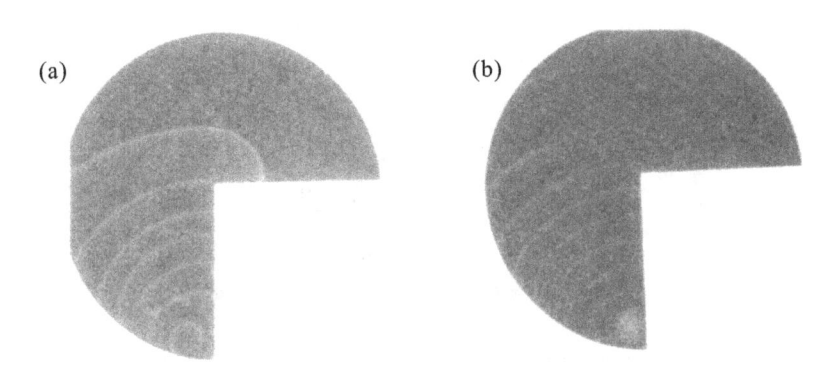

反应扩散系统中可激发波的斑图动力学

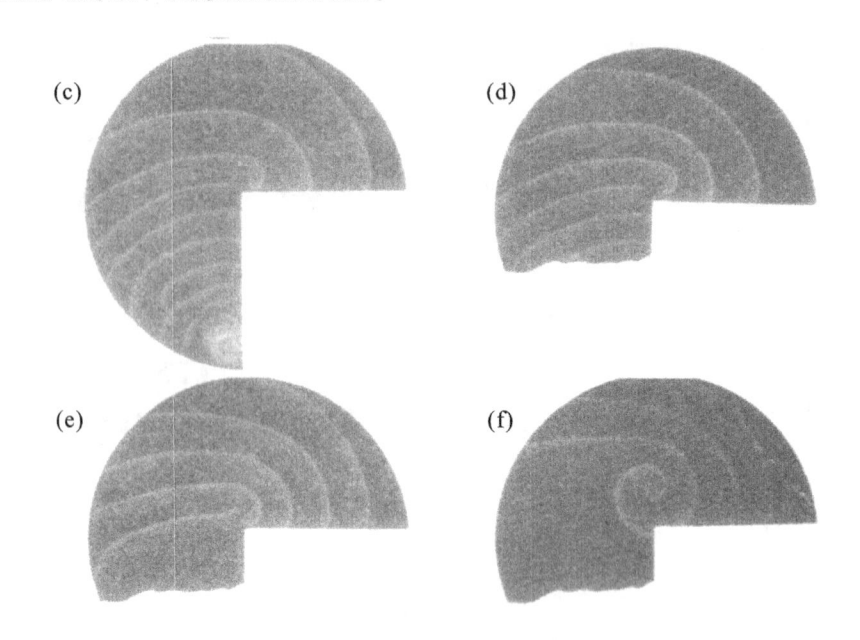

(c) (d)

(e) (f)

图 2.2 在 BZ 反应中因不可激发型缺陷而产生的螺旋波[21]

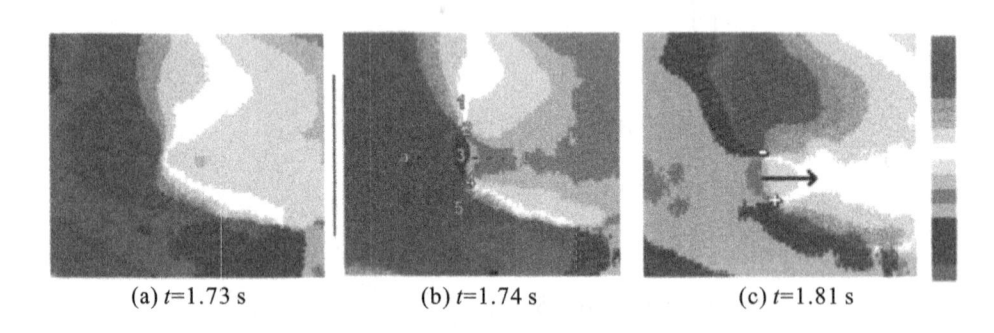

(a) t=1.73 s (b) t=1.74 s (c) t=1.81 s

螺旋波端点用 + 、 - 号标识出。

图 2.3 在心脏系统中产生的两个螺旋波[22]

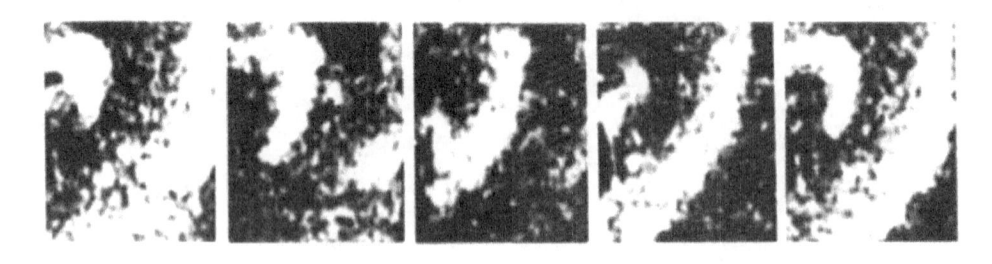

(a)在犬类的心外膜心肌细胞上观察到的螺旋波

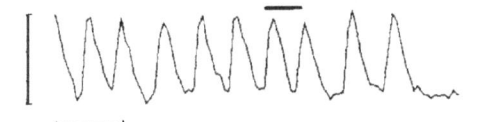

第2章 周期性激发波去除钉扎在不可激发型缺陷上的螺旋波

(b)螺旋波对应的心电图　　　(c)在FHN模型上得到的螺旋波

图2.4 心肌组织上观测到的螺旋波及对应的激发过程[15]

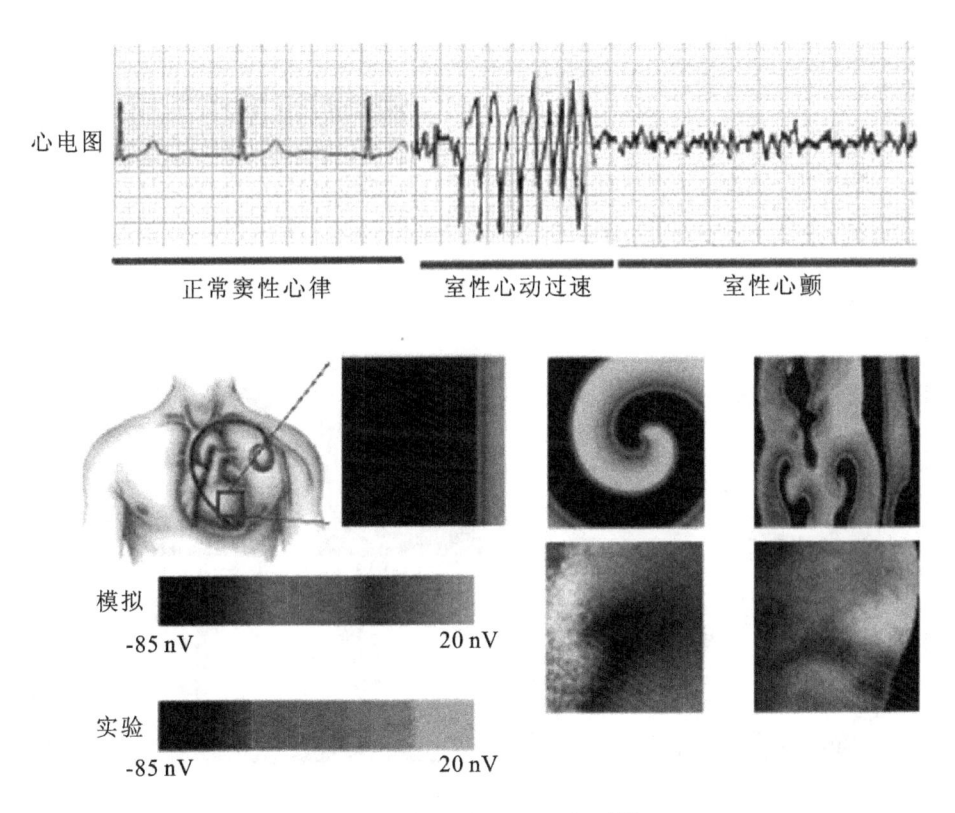

心电图

正常窦性心律　　　室性心动过速　　　室性心颤

模拟
-85 nV　　　20 nV

实验
-85 nV　　　20 nV

图2.5 心律不齐的特征演示[18]

产生的螺旋波因为缺陷的吸引作用,又多会被缺陷钉住,最终形成钉扎的螺旋波[15,29-41],甚至形成多个螺旋波同时钉在同一缺陷上的钉扎多臂螺旋波[42],如图2.6所示。

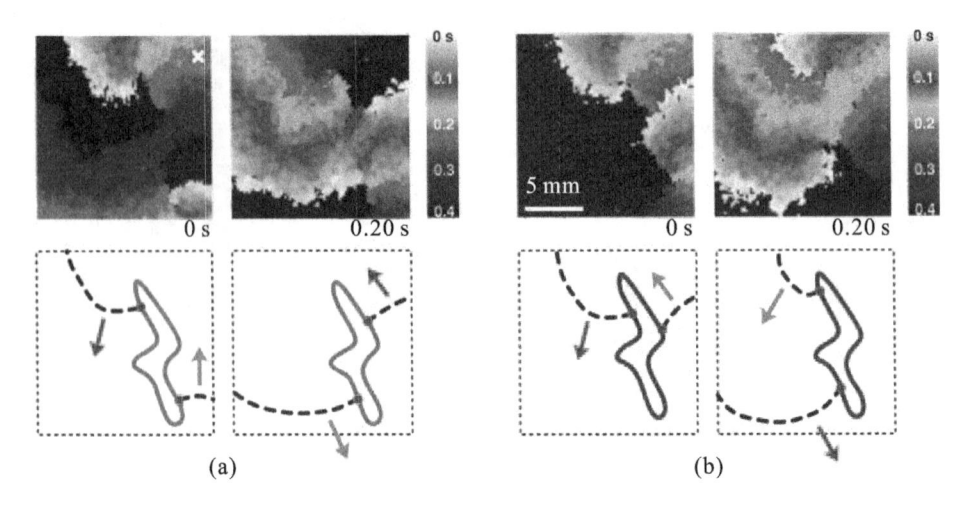

图 2.6　心脏中的钉扎多臂螺旋波[42]

临床上去除这些由钉扎螺旋波引起的心动过速的常用方式是抗心动过速起搏(anti-tachycardia pacing,ATP)。简略而言,就是使用一系列周期性激发波将引起心动过速的螺旋波(包括钉扎螺旋波)赶离心脏[43],如图 2.7 所示。

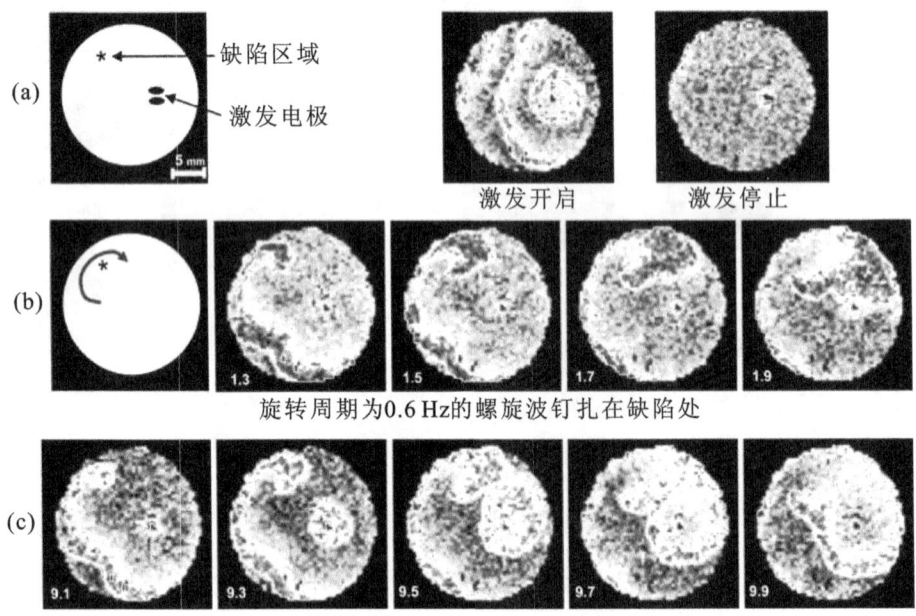

旋转周期为 0.6 Hz 的螺旋波钉扎在缺陷处

螺旋波与激发周期为 1 Hz 的周期波相碰

· 18 ·

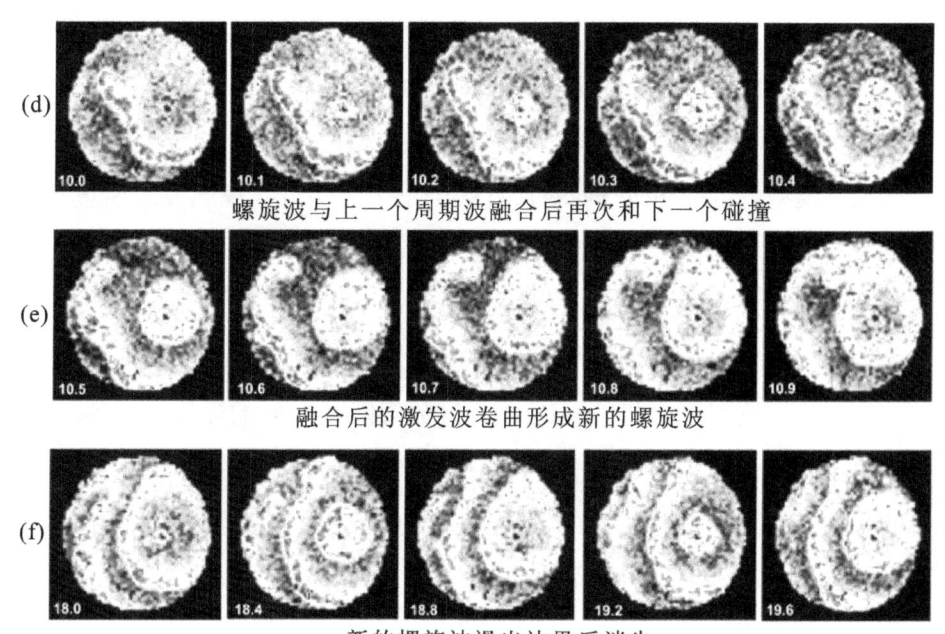

第 2 章 周期性激发波去除钉扎在不可激发型缺陷上的螺旋波

(d) 10.0 10.1 10.2 10.3 10.4
螺旋波与上一个周期波融合后再次和下一个碰撞

(e) 10.5 10.6 10.7 10.8 10.9
融合后的激发波卷曲形成新的螺旋波

(f) 18.0 18.4 18.8 19.2 19.6
新的螺旋波滑出边界后消失

图 2.7 心脏细胞培养皿中观察到的 ATP[44]

化学反应中,去除钉扎螺旋波的问题也在很早就引起了人们的兴趣[45],如图 2.8 所示。

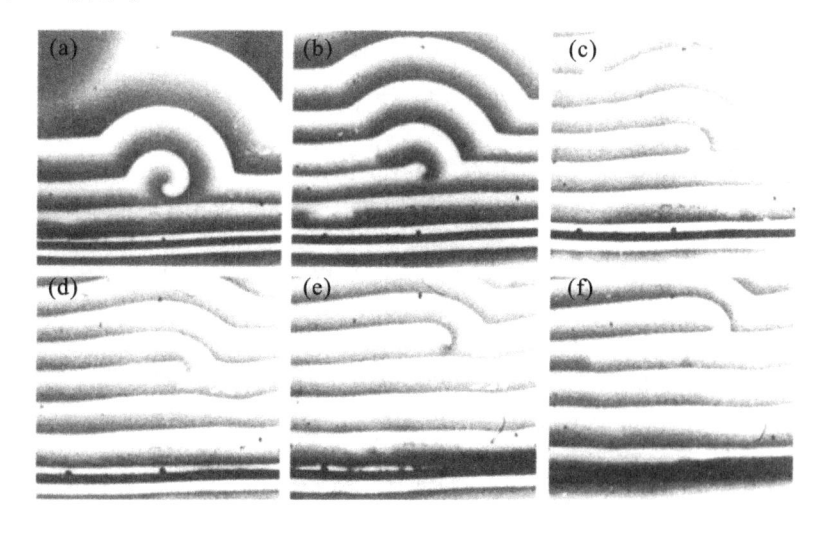

图 2.8 BZ 反应中的 ATP[45]

基于这样一个和生命健康息息相关的重要问题,很多文献对其进行了讨论[44,46-50],但是一个定量的理论解释仍然被大家所期待。

在本章,我们结合一种非线性程函关系(nonlinear eikonal relation)和一种运动学模型(kinematical model),首次给出了去除钉扎螺旋波的定量理论解释。

2.2 抗心动过速起搏

在讨论理论解释之前,我们首先通过数值模拟 ATP 的过程,来了解 ATP 的动力学特征。数值模拟中,我们使用被广泛接受的巴克利模型(Barkley model)。因为巴克利模型在计算量小的同时,还很好地保留了 FHN (FitzHugh-Nagumo)模型的动力学特性,而 FHN 模型则被认为是能够较好地反映心脏系统动力学特性的一个简化模型。巴克利模型的具体形式为

$$\partial_t u = \nabla^2 u + \frac{1}{\epsilon} u(1-u)\left(u - \frac{v+b}{a}\right) \qquad (2.1)$$

$$\partial_t v = u - v \qquad (2.2)$$

其中 $\epsilon = 0.02, a = 0.8$。参数 b 是我们的一个调控变量:通过调整 b 的值 (0.00~0.15),我们可以把介质从强激发调整为弱激发。当 b 增大到 0.154 时,介质进一步从弱激发变为次激发的状态。

数值模拟中求解上述巴克利模型的具体方法如下:

(1)对于时间和空间的微分项,我们使用常见的显性欧拉迭代的方式来处理。因为巴克利模型的稳定性较好,显性欧拉迭代就可以满足我们对稳定度的要求。

(2)因为我们使用了矩形的形状介质,那么直角坐标的有限差分形式就能满足我们对精确度的要求。

(3)为了在尽量忽略介质四周边界影响的同时,减小模拟的计算量,我们选取了 30×30 的介质。

(4)接着,我们通过一个由零流边界构成的圆形缺陷,其半径为 r_h。而

第 2 章 周期性激发波去除钉扎在不可激发型缺陷上的螺旋波

在直角坐标系的有限差分中,加入一个圆形的不可激发型缺陷,最简便的方法就是相场法[51-54]。相场法的具体描述可以参见附录。

之后,为了在上述带有圆形不可激发型缺陷的介质上,通过数值模拟研究 ATP 的动力学过程,需要一个钉扎在缺陷上的螺旋波作为初始条件。为此我们首先将一个螺旋波钉扎在缺陷上,并让其能够绕着缺陷稳定旋转,如图 2.9 所示。

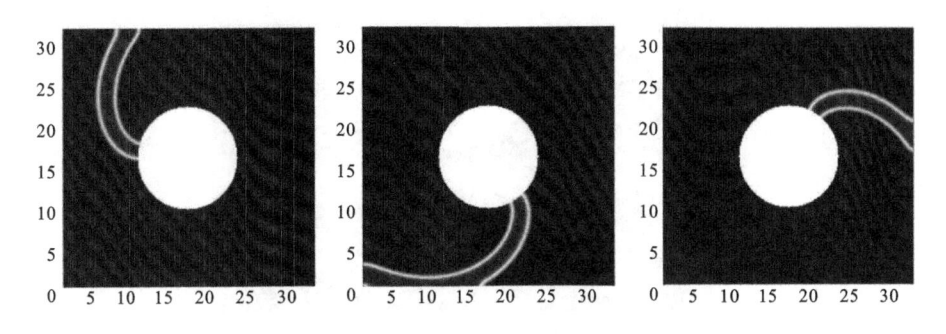

图 2.9 稳定旋转的钉扎螺旋波

然后,在介质下方最下面一行的节点处,加入激发波,如图 2.10 所示。因为去除钉扎螺旋波的成功率很大程度上取决于周期性激发波的频率:频率越高,成功率也就越大[44]。所以为了能够尽量达到介质能够支持的最小频率的周期性激发波,我们使用了一种"自然激发"的方法。

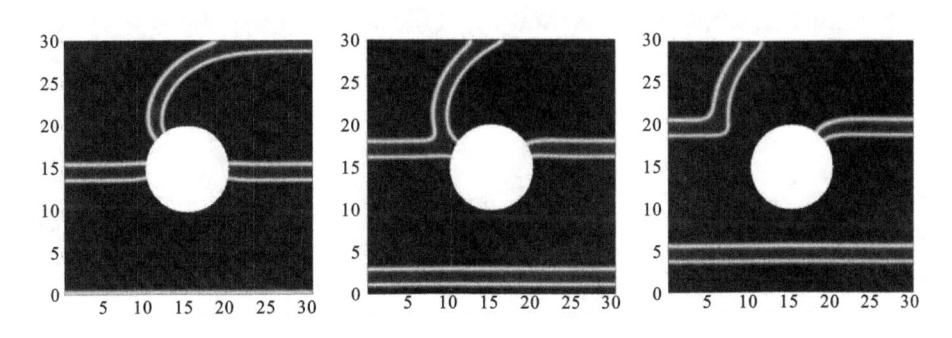

图 2.10 周期性激发波从下面产生

周期性激发波不断从下面产生,当经过缺陷时,被分成两段 P1 和 P2,如图 2.11 所示。而钉扎螺旋波 S,顺时针旋转,碰到 P1 后,二者合二为一,变成一个弯曲的波形一起离开缺陷。而剩下的 P2 因为仍旧钉扎在缺陷上,于是形成了新的钉扎螺旋波 S。

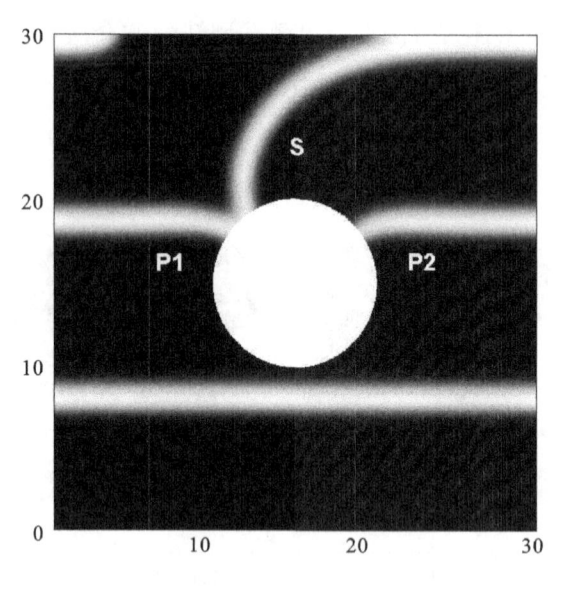

图 2.11 ATP 的过程

当我们将周期性激发波的频率提高到一定阈值时,钉扎螺旋波 S 钉扎在缺陷上的端点就会失稳,从而离开缺陷。这正是图 2.12 所示的去除钉扎的过程。

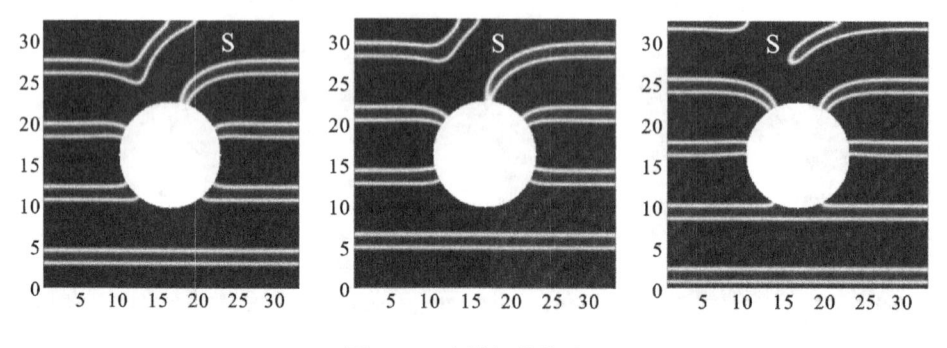

图 2.12 去除钉扎的过程

正如上文所讲,ATP 的过程相当于钉扎螺旋波 S,不断从图 2.11 中 P2 所处的位置生成,顺时针旋转到 P1 所处的位置消去。这一过程,排除了周期性激发波的干扰,仅仅保留了钉扎螺旋波的动力学行为。所以我们可以单单拿出这样的一个过程来分析我们所关心的钉扎螺旋波在 ATP 中的动力学行为和对应于去钉扎过程的失稳点。我们可以把这样一个过程和一个简化的数值模拟联系起来。下面我们简称这个简化模拟为 Fan。

我们把图 2.11 和 Fan 的示意图放在一起,构成图 2.13。其中 Fan 的是图 2.13(b)。

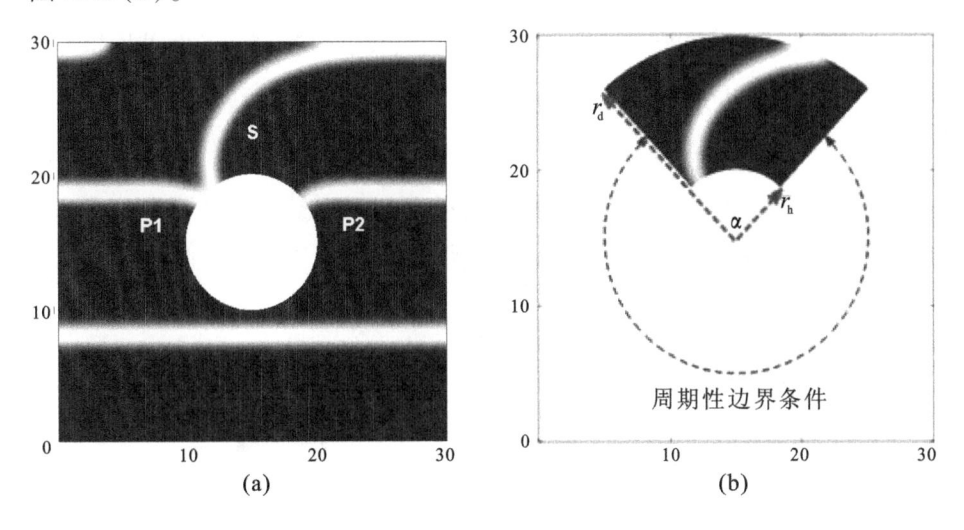

图 2.13 ATP 和 Fan 的过程示意图

正如图 2.13(b)所示,在圆心角为 α 的扇形介质内,两个弓形边界为零流边界(半径分别是 r_h 和 r_d),两个径向边界相互为周期边界,一个钉扎在内弧的螺旋波逆时针旋转。

比较图 2.13 中(a)和(b),我们可以很直观地看到钉扎螺旋波在两个模拟中的一致性:图 2.13(a)中的钉扎螺旋波 S 从 P2 的位置转动到 P1 的位置,相当于图 2.13(b)中的钉扎螺旋波从扇形一个径向边界经过圆心角 α 到达另一个径向边界。

另一方面,如果我们在 Fan 中,逐渐减小圆心角 α 的大小,钉扎螺旋波从一个径向边界到另一个径向边界的周期就会相应缩短。当缩小到一定阈值时,钉扎螺旋波就会因为周期太小而失稳,从而离开缺陷。这就是 Fan 模拟中去钉扎的过程。

在一个有限介质中,介质本身四周就是零流边界。但是如果我们的介质足够大,大到介质的边界对螺旋波的性质没有影响,正如我们在ATP和Fan中所选的情况,这时四周为零流边界的有限介质可以看作是无穷大的无限介质。所以尽管ATP和Fan的外边界看起来不同,但因为两者的外边界都对钉扎螺旋波没有影响,所以外边界的不一致是可以忽略的。

为了确定ATP和Fan两种模拟的一致性,我们分别测量了两种模拟对应的去钉扎阈值:不同的缺陷半径(r_h)和去钉扎的周期阈值(T_{min})。在图2.14中,我们同时测量了ATP和Fan分别在强激发($b=0.00$)和弱激发($b=0.15$)时,去钉扎在不同缺陷半径下的阈值。可以看出,方块表示的ATP和实线表示的Fan重合在一起,说明ATP和Fan在描述去钉扎过程上是一致的。

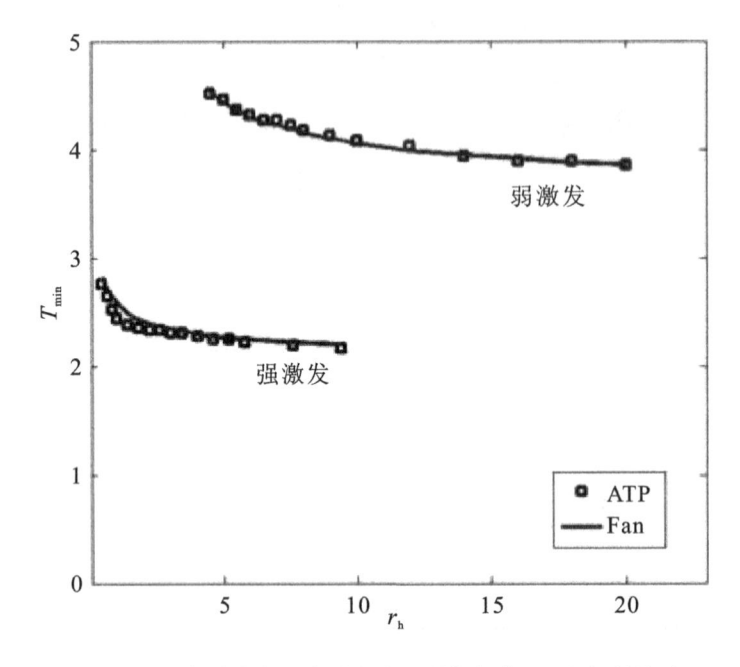

图2.14 缺陷半径r_h与去钉扎的周期阈值T_{min}之间的关系

由于ATP和Fan具有一致性,我们就可以将对ATP中去钉扎的研究,转移到对Fan中去钉扎的研究上来。

因为相比于ATP中周期性激发波P1和P2的干扰,Fan中只有钉扎螺旋波。这为我们从理论上研究钉扎螺旋波提供了一个更好的对象。

同时,因为没有平面波 P2 变为钉扎螺旋波 S 时中间不可避免的暂态过程的影响,我们可以从中更好地测量到稳定的钉扎螺旋波在端点处的法线方向的速度 $c_n(0)$。

我们通过给定缺陷半径 r_h,不断减小圆心角 α,得到的周期 T 和端点处的法线方向的速度 $c_n(0)$ 也在变化。这样我们就得到了钉扎螺旋波在给定缺陷半径 r_h、周期 T 和端点处的法线方向的速度 $c_n(0)$ 的关系,也就是钉扎螺旋波的色散关系 $T-c_n(0)$,如图 2.15 中短划线所示。

当圆心角 α 小到一定阈值时,因为圆心角 α 过小,导致周期 T 过小,所以钉扎螺旋波不再能够稳定地钉扎在缺陷上,进而离开缺陷。这正对应着 Fan 中的去钉扎过程,此时的周期 T 和端点处法线方向的速度 $c_n(0)$ 就是去钉扎时的阈值。我们分别测量了不同缺陷半径和激发性下,Fan 在去钉扎时的周期 T 和端点处法线方向的速度 $c_n(0)$,并用圆圈标注在图 2.15 中。

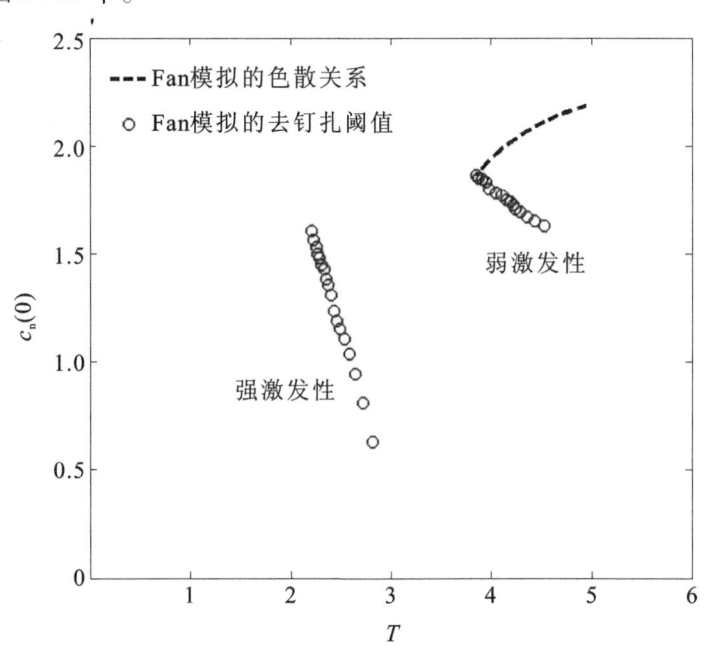

图 2.15 Fan 模拟得到的色散关系和去钉扎阈值

基于上述原因,相比于研究 ATP 中的钉扎螺旋波,我们更应该从 Fan 中的钉扎螺旋波出发,去研究去钉扎过程的理论本质。

而基于 Fan 的模拟,通过结合非线性程函关系和运动学模型,我们首次给出了去除钉扎螺旋波的定量理论解释,并将其简称为 N&K。

2.3 理论方法

2.3.1 程函关系

众所周知,程函关系是主导可激发态螺旋波的重要关系之一(另外一个是色散关系)。通常大家熟悉的程函关系是文献[55]中提出的这种线性程函关系

$$c_n = c_p - DK \tag{2.3}$$

其中 c_n 是法线方向的速度,c_p 是平面波的速度,D 是扩散系数,K 是曲率。这个线性程函关系被广泛使用[56]。但是该线性程函关系的成立是有条件的,一般称其为"Zykov 极限"[57]:线性程函关系 $c_n = c_p - DK$ 成立,当且仅当满足以下三项:① 激发波的周期很大。② 可激发系统中慢变量和快变量反应速率的比值 ϵ 很小。③ 激发波的曲率较小。

但是在去钉扎过程中,因为周期波的存在,钉扎螺旋波也会被加速,所以周期很小,且在去钉扎时,激发波的曲率也很大。同时,因为真实系统中介质通常是不均匀的,激发性有强有弱。为了使我们的理论能够既适用于弱激发,也适用于强激发的情况,就不能简单使用线性程函关系,所以我们选用了没有上述约束条件的非线性程函关系。

非线性程函关系致力于解释以下两种情况:一是当周期较小,波前和波背的相互作用很强的情形;二是当 ϵ 不是很小,介质既可以是强激发也可以是弱激发的情形。为了能够很好地处理这两种情况的非线性程函关系,我们采用文献[57]和[58]提出的关系式

$$c_n(s) = c_p(\epsilon^*(s), T^*(s)) - DK(s) \tag{2.4}$$

其中

$$\epsilon^* = \epsilon \cdot [1 + DK(s)/c_p(\epsilon, T)] \tag{2.5}$$

$$T^* = T/[1 + DK(s)/c_p(\epsilon, T)] \tag{2.6}$$

该非线性程函关系中 $c_p(\epsilon^*(s), T^*(s))$ 的部分，考虑了周期 T 对 $\epsilon^*(s)$、$T^*(s)$ 的影响，进而又影响了平面波速度 c_p；也考虑了曲率 $K(s)$ 对 $\epsilon^*(s)$、$T^*(s)$ 的影响，进而也影响了 c_p。同时，从文献[58]中可以看出，其对 ϵ 没有限制，所以可以用于研究 ϵ 较大的情况。基于上述原因，非线性程函关系更适用于研究去钉扎过程的机制。

2.3.2 色散关系

可激发波的另一个重要关系是色散关系，其给出了激发性 ϵ 和 Δ 以及周期 T 与平面波速度 c_p 之间的关系。也就是 $c_p(\epsilon^*(s), T^*(s))$ 和 $c_p(\epsilon, T)$。相关研究[39, 59-60]使用了一种在 $\Delta \ll 1$ 下成立的关系式。因为 $\Delta \ll 1$，所以

$$c(u, v) = \begin{cases} \sqrt{3} - v/6 - \delta, u \approx u_\epsilon \\ -\sqrt{3} - v/6 - \delta, u \approx u_0 \end{cases} \tag{2.7}$$

周期 $T = \dfrac{2\pi}{\omega}$，而

$$\frac{2\pi}{\omega} = \frac{6}{\epsilon} \ln \frac{(6G^* - v^+)[6(\sqrt{3} + \delta) - v^+]}{(6G^* + v^+)[6(\sqrt{3} + \delta) + v^+]} \tag{2.8}$$

因此 $v^+ = v^+(T)$，而

$$c_p = \alpha \sqrt{D}(v^* - v^+) \tag{2.9}$$

其中 $c_p(v^*) = 0$。

为了在任一激发性的情况下得到去钉扎过程的理论解释，我们使用了一种数值模拟方法：在一维环形介质上，使用相同的巴克利模型和参数值。

首先在环上激发一个单向传播的激发波。因为是环形介质,所以激发波在环上往复旋转形成周期波。给定了环的长度,相当于给定了波的波长,对应一个周期,从而也就能计算出相应的平面波速度。接着我们慢慢减小环的长度,对应的周期也就减小,相应的平面波速度也减小。这样我们就能得到在给定参数 ϵ 下的色散关系 $c_p(\epsilon, T)$。这样的数值模拟过程最早出现在文献[61]中。

程函关系决定了钉扎螺旋波的法向速度和平面波速度,以及曲率和激发性 ϵ、周期 T 之间的关系。色散关系决定了平面波速度和激发性 ϵ、周期 T 之间的关系,但这两种关系并未完全决定钉扎螺旋波的一切特性,所以我们还需要其他的约束条件,这就是运动学方程:激发波在程函关系和色散关系的约束下,同样要满足从零流边界出发,在运动学方程的约束下形成钉扎螺旋波的波形,直到到达另一个边界。

2.3.3 运动学方程

运动学方程最早是在文献[62]中提出的,其使用了和文献[56]相似的公式

$$\frac{\Omega R}{(1+\Psi_{F,B}^2)^{1/2}} = \pm \frac{c(c_{2F,B}(\omega))}{c} - \left(\frac{\mathrm{d}\Psi_{F,B}/\mathrm{d}r}{(1+\Psi_{F,B}^2)^{3/2}} + \frac{\Psi_{F,B}}{r(1+\Psi_{F,B}^2)^{1/2}} \right)$$

$$\text{where } \Omega = \omega\varepsilon/c^2$$

但是要求上式中的参数 Ω 和 ω 应当满足一定的特征值,使得波函数 Ψ 在波前、波背(分别以下标 F 和 B 来表示)处的解,满足在无穷远处趋近于阿基米德螺旋波的边界条件,以及在螺旋波端点处波前和波背需要光滑连续相接的边界条件。如果参数 Ω 和 ω 选取的不对,那波前和波背就无法形成我们所期待的螺旋波的解,如图 2.16 所示。

第 2 章 周期性激发波去除钉扎在不可激发型缺陷上的螺旋波

情况一：选取的 Ω 值太大导致波前错误外卷

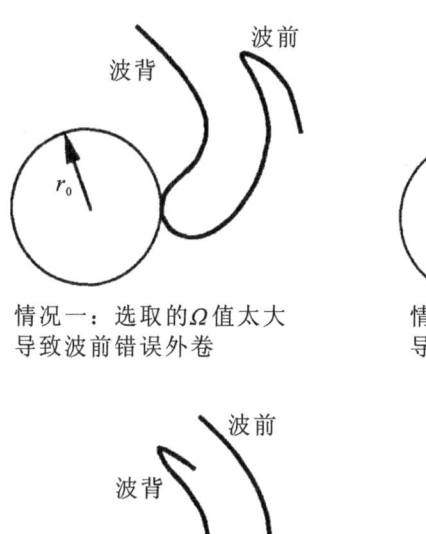

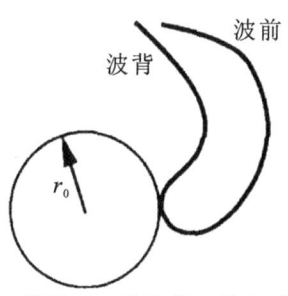

情况二：选取的 Ω 值太小导致波前错误内卷

情况三：选取的 ω 值太大导致波背错误外卷

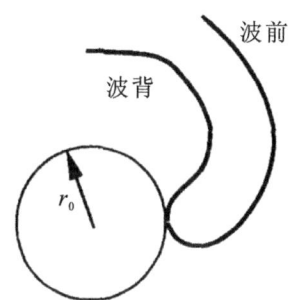

情况四：选取的 ω 值太小导致波背错误内卷

图 2.16　参数 Ω 和 ω 选取不当的情况[62]

相似的方法也被应用在了很多重要的方面[39,59-60,62-65]。但是直接使用该方法,不利的地方在于前式中内含了线性程函关系。也可以说,文献[62]中所使用的方程不是纯粹的运动学方程。

为了将上文提到的非线性程函关系和色散关系融入运动学方程中去,我们使用了相关研究[39,60,64-65]中所使用的方程

$$dc_n/ds = \alpha/T - Kc_\tau \qquad (2.10)$$

$$dc_\tau/ds = Kc_n \qquad (2.11)$$

其中 c_τ 是切向方向速度,弧长 s 是我们从钉扎螺旋波端点开始,沿着波前、波背建立的自然坐标系。

2.3.4 理论方法

这样我们就把上文中提到的非线性程函关系、色散关系和运动学方程融合到了一起。在三者中,起主要作用的是非线性程函关系和运动学方程,所以我们将这套方法简称为 N&K。为了理解方便,我们把上面出现的相关公式重新列出并编号:

$$dc_n(s)/ds = \alpha/T - K(s)c_\tau(s) \tag{2.12}$$

$$dc_\tau(s)/ds = K(s)c_n(s) \tag{2.13}$$

$$c_n(s) = c_p(\epsilon^*(s), T^*(s)) - DK(s) \tag{2.14}$$

$$\epsilon^*(s) = \epsilon \cdot [1 + DK(s)/c_p(\epsilon, T)] \tag{2.15}$$

$$T^*(s) = T/[1 + DK(s)/c_p(\epsilon, T)] \tag{2.16}$$

这样方程组(2.12)—(2.16)就是一个在弧长 s 上的微分方程组。它的解应该满足如图 2.13(b)中所示的钉扎螺旋波在两个弧形边界上的零流边界条件。

零流边界要求激发波在边界处无流,反映到波形上,就是激发波垂直交于零流边界上。这就要求边界处的法向速度 $c_n(s)$ 和切向速度 $c_\tau(s)$ 在内弧边界上满足

$$c_n(r_n) = \frac{\alpha r_h}{T} \tag{2.17}$$

$$c_\tau(r_h) = 0 \tag{2.18}$$

在外弧边界上满足

$$c_n(r_d) = \frac{\alpha r_d}{T} \tag{2.19}$$

$$c_\tau(r_d) = 0 \tag{2.20}$$

因此,从本质上来讲,N&K 方法的求解就是一个非线性微分方程组的边值问题。

2.3.5 边值问题

微分方程组边值问题的常见解法就是将其转变为初值问题。我们使用常用的打靶法来解决这个由非线性微分方程组边值问题转化成的初值问题。这里我们选择内弧边界上的法向速度作为我们预先猜测的初值

$$c_n(s=0) = c_n(r_h) \tag{2.21}$$

另一个初值是

$$c_\tau(s=0) = 0 \tag{2.22}$$

所以现在周期为

$$T = \frac{\alpha r_h}{c_h(r_h)} \tag{2.23}$$

给定圆心角 α 和内弧边界的半径 r_h，此时法线方向和以扇形中心为原点建立的直角坐标系的 x 轴的夹角为 $\theta(0)$。激发波的位置为 $(x(0), y(0))$，方程组 (2.14)—(2.16) 可以给出曲率 K 在端点处的值为 $K(r_h)$。接着，因为端点处的

$$c_n(s=0) = c_n(r_h) \tag{2.24}$$

$$c_\tau(s=0) = 0 \tag{2.25}$$

$$K(s=0) = K(r_h) \tag{2.26}$$

都已经知道了，我们可以将他们带入方程组 (2.12) 和 (2.13)，计算出下一个极小弧长 Δs 处的

$$c_n(0+\Delta s) = c_n(0) + \Delta s \times (\alpha/T - K(0)c_\tau(0)) \tag{2.27}$$

$$c_\tau(0+\Delta s) = c_\tau(0) + \Delta s \times (K(0)c_n(0)) \tag{2.28}$$

这样我们就得到了下一个极小弧长 Δs 处的法向速度 $c_n(\Delta s)$ 和切向速度 $c_\tau(\Delta s)$。

这和之前一样，方程组 (2.14)—(2.16) 可以给出曲率 K 在 $s=\Delta s$ 处的值 $K(\Delta s)$，因为

$$K = -\frac{d\theta}{ds} \tag{2.29}$$

所以

$$\theta(s) = \theta(0) - \int_0^s K(s')ds' \tag{2.30}$$

进而

$$x(s) = x(0) + \int_0^s \sin(\theta)ds' \tag{2.31}$$

$$y(s) = y(0) - \int_0^s \cos(\theta)ds' \tag{2.32}$$

转化到以扇形中心为原点建立的极坐标系下

$$R(s) = \sqrt{x^2(s) + y^2(s)} \tag{2.33}$$

$$\Phi(s) = \arctan\frac{y(s)}{x(s)} \tag{2.34}$$

所以在 Δs 处

$$\theta(\Delta s) = \theta(0) - K(\Delta s)\Delta s \tag{2.35}$$

$$x(\Delta s) = x(0) + \sin(\theta(\Delta s))\Delta s \tag{2.36}$$

$$y(\Delta s) = y(0) - \cos(\theta(\Delta s))\Delta s \tag{2.37}$$

$$R(\Delta s) = \sqrt{x^2(\Delta s) + y^2(\Delta s)} \tag{2.38}$$

$$\Phi(\Delta s) = \arctan\frac{y(\Delta s)}{x(\Delta s)} \tag{2.39}$$

现在知道了 $K(\Delta s)$，再继而给出 $c_n(\Delta s + \Delta s)$ 和 $c_\tau(\Delta s + \Delta s)$，不断重复上面的过程，直到弧长 s 到达外边界 r_d 处。此时法向速度 $c_n(s)$ 和切向速度 $c_\tau(s)$ 要满足零流边界条件

$$c_n(r_d) = \frac{\alpha r_d}{T} \tag{2.40}$$

$$c_\tau(r_d) = 0 \tag{2.41}$$

这就要求我们在选取预先猜测的初值 $c_n(r_h)$ 时，就要选取恰当。如

果选取不当,得到的钉扎螺旋波的形状就不是我们在图 2.17(a)中见到的样子,错误的螺旋波形状可以参见图 2.17(b)。

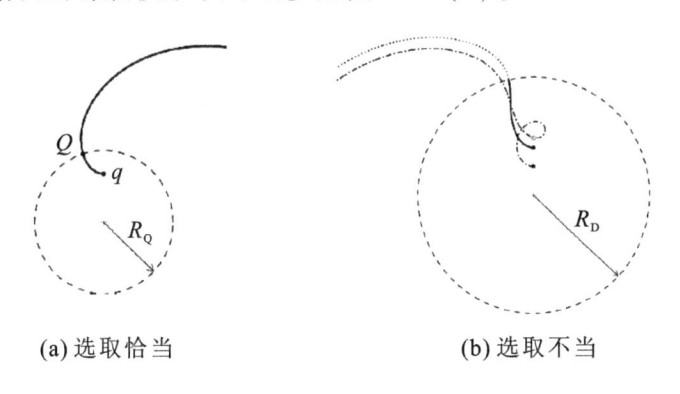

(a) 选取恰当

(b) 选取不当

图 2.17 初值选取情况与对应的钉扎螺旋波[60]

通过不断调整初值 $c_n(r_h)$,当选取恰当时,我们就得到了在缺陷半径为 r_h、圆心角为 α 的情况下,周期 $T = \dfrac{\alpha r_h}{c_n(r_h)}$ 和端点处的法向速度为 $c_n(r_h)$ 的钉扎螺旋波。

2.3.6 钉扎螺旋波的色散

如果我们保持缺陷半径 r_h 不变,减小圆心角 α,那么通过 N&K 方法得到的钉扎螺旋波的周期 T 和端点处的法向速度 $c_n(r_h)$ 也会不同(都减小)。

继续减小圆心角,我们就得到了不同的周期 T 和端点处的法向速度 $c_n(r_h)$。这正是 N&K 下,给定缺陷半径 r_h,周期 T 和端点处的法线方向的速度 $c_n(0)$ 的关系,也就是钉扎螺旋波的色散关系 $T - c_n(0)$。我们在图 2.18 中用虚线标识出了一个特定缺陷半径 r_h 下,色散关系 $T - C_n(0)$ 的情况。

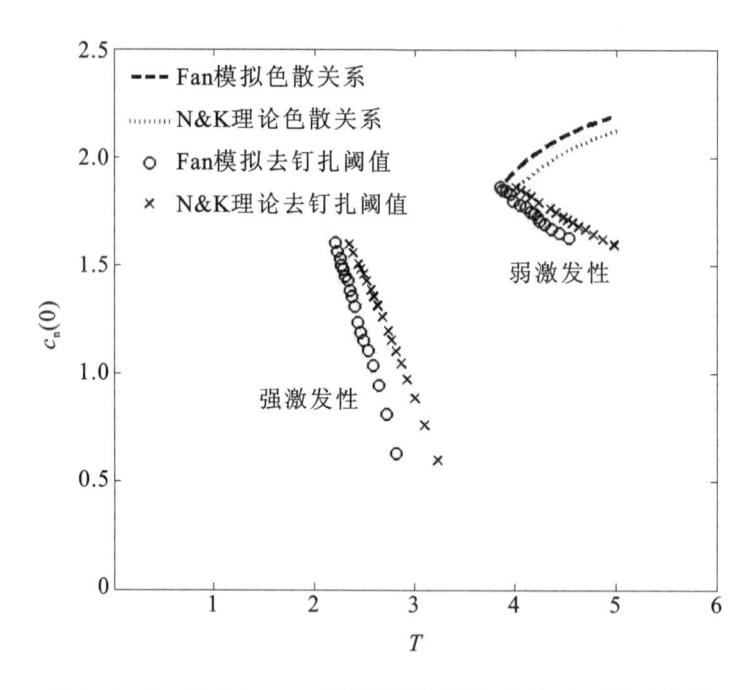

图2.18 Fan模拟和N&K理论分别得到的色散关系和去钉扎阈值

从图2.18可以看出,N&K计算出来的色散关系和Fan测量出来的色散关系符合得很好。这说明我们使用N&K来计算钉扎螺旋波的动力学行为是很正确的。

2.3.7 理论给出的失稳点

当圆心角α减小到某一阈值时,在端点$s=0$处,因为

$$\epsilon^*(s) = \epsilon \cdot [1 + DK(s)/c_p(\epsilon,T)] \qquad (2.15)$$

$$T^*(s) = T/[1 + DK(s)/c_p(\epsilon,T)] \qquad (2.16)$$

所以$\epsilon^*(0)$会随着T的减小和$K(0)$的增加而变大,而T^*会随着T的减小和$K(0)$的增加而变小。这就会导致公式(2.14)中$c_p(\epsilon^*(s),T^*(s))$的部分慢慢趋近于相关研究[56,61]中所说的色散关系的失稳点,如图2.19所示。

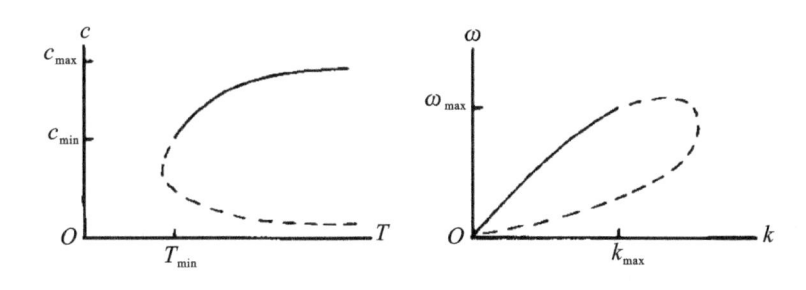

图 2.19 色散关系的失稳点[56]

这样我们通过 N&K 方法计算出来的钉扎螺旋波的解,就会在端点处失稳。这就意味着钉扎螺旋波在端点处失稳,这一现象正是 N&K 中的去钉扎过程。

因为 N&K 计算出来的曲率 $K(s)$ 同在 $s=0$ 处最大,而在其他值处则相比较小。所以在相同 T 下,式(2.15)和式(2.16)计算出的 $\epsilon^*(s=0)$ 最大和 $T^*(s=0)$ 最小。这样就使得在 N&K 中,总是 $s=0$ 最先失稳。这正对应着无论是在 ATP 中,还是在 Fan 中,去钉扎过程总是发生在因为失稳而离开缺陷的钉扎螺旋波端点。

我们计算出在不同缺陷半径 r_h 及不同激发性下,N&K 中钉扎螺旋波的失稳点,并用叉号在图 2.18 标识出。

从图 2.18 可以看出,用 N&K 计算出来的去钉扎情况和 Fan 测量出来的情况符合得很好。这说明我们使用 N&K 来计算钉扎螺旋波的去钉扎过程是很正确的。

2.4 讨论

从图 2.18 可以看出,因为我们使用了非线性程函,结合色散关系和运动学方程,对于钉扎螺旋波的动力学行为和其失稳点,以及对应于去钉扎过程,都能得到很好的和模拟(Fan)相同的结果。

同时,我们的理论没有过多的限制:既不像相关研究[56, 59, 63, 66-67]中要

求 $\epsilon \ll 1$；也不限制介质的激发性只能是强激发[63,66]，或者只能是弱激发[56,67]。所以 N&K 理论有更加广泛的适用性。

另外，我们的理论可以很容易扩展到缺陷诱导平面波产生螺旋波的情景，如图 2.1(b) 所示，也可以用来解释由多个螺旋波钉扎在同一缺陷构成钉扎多臂螺旋波的情景，如图 2.6 所示，以及更多钉扎螺旋波和不可激发型缺陷相互作用的情景。

当然 N&K 方法也是有局限的。因为我们使用了文献[58]中的非线性程函关系的表示式，而该式是以曲率按幂次展开忽略了二阶以上的高阶项而来的，所以当曲率较大时，误差就会变大。但是对于钉扎螺旋波的去钉扎问题，我们通过 N&K 计算出来的曲率都不大，所以忽略二阶以上高阶项带来的误差，仍是在可以接受范围内的。正如图 2.18 中 N&K 的结果（叉号）和 Fan 的结果（圆圈）能很好地吻合所体现出来的一样。

2.5 小结

本章我们用数值模拟的方法，研究了钉扎在不可激发型缺陷上的螺旋波，在周期性激发波刺激下的色散关系以及去除钉扎发生时的阈值，并使用非线性程函关系和运动学方程相结合的理论定量解释上述结果及其机制。

第 3 章　围绕不可激发型缺陷旋转的钉扎螺旋波动力学和最小缺陷尺寸的存在

3.1　引言

在化学介质和生物系统中可以观察到螺旋波(也称为"旋涡")。它在心脏病(如心律失常)中也起着至关重要的作用。在这种症状中,螺旋波往往会被缺陷钉住,如复杂的解剖结构、血管,甚至组织损伤。在模拟和实验中,螺旋波绕缺陷旋转的现象屡屡出现。在这些场景中,螺旋波以相应的周期围绕不同大小的缺陷旋转。当缺陷缩小到某一最小值时,被钉住的螺旋波会失去稳定并脱离缺陷。因此,对其动力学和不稳定性的理论分析是一个基本问题,也吸引了许多人的关注。

二维介质中的螺旋波运动学要比一维情况下的脉冲运动复杂得多。其中一个重要原因是受激区域边界的法向传播速度取决于界面曲率以及运动界面附近的抑制值。Tyson 和 Keener[56]采用了程函关系的线性形式,并得到了钉扎螺旋波的近似解。但是,全参数空间中的程函关系实际上是非线性的。采用其线性形式需要非常小的恢复率与激发率的比率,以及非常大的激发波的周期。在 Tyson 和 Keener 的方法中,钉扎螺旋波的旋转周期对模型动力学和介质激发性的任何依赖都是与一维周期性激发波的色散关系有关的。但是,在应用色散关系时,他们假定沿波前的一个变量 v_f 保持不变。这一假设只有在给定激发性下缺陷半径足够大时才有效。然而,在临床治疗中,"大缺陷"的条件常常被打破。例如,利多卡因是一种抗心律失常药物,常用于治疗室性心动过速。它能降低心脏的兴奋性,增大激发波的波长,降低缺陷的相对尺寸,从而使钉扎螺旋波与缺陷分离。

Hakim 和 Karma[59] 分析了在弱兴奋性下钉扎螺旋波的线性程函关系的解决方案。他们仍然假设了沿波前的 v_f 是常量,而这个常量假设只在缺陷半径较大时才有效。Loeber 和 Engel[68] 也提出了新理论。但他们也采用了线性程函关系和常量假设,这将限制他们理论的适用范围。

尽管有如此多的理论试图研究钉扎在缺陷上并绕其旋转的螺旋波的动力学,但其不稳定性仍有待进一步厘清。换句话说,人们普遍关心的问题是,在钉扎螺旋波脱离缺陷之前,缺陷能有多小。已有的理论从色散关系中继承了不稳定性,即钉扎螺旋波的旋转周期不可能低于周期性激发波可以存在的最小值。但它们只提供了关于钉扎螺旋波不稳定性的定性估计。这个问题的另一种解答思路是利用临界曲率的概念。但正如相关研究[39,69-70]所强调的,这种考虑只在有限的情况下提供了良好的估计。

迄今为止,已有的回答钉扎螺旋波动力学和不稳定性这一基本问题的理论主要集中在一些特殊情况下,如大缺陷或弱激发。因此,一个关键的悬而未决的问题是,在理论研究和实际应用中,是否有一种通用的理论可以在许多重要的实际情况下同样适用。在本书中,我们采用了非线性形式的程函关系,考虑了沿波前的 v_f 是一个变量,并提出了一个独立于特殊模型的一般理论,并且关于动力学和不稳定性的理论结果在各种缺陷大小和激发性情况下与数值模拟结果定量吻合。

3.2 数值模拟及结果

通过 FHN 模型,在双组分反应扩散系统中研究了绕缺陷旋转的螺旋波的动力学和不稳定性。FHN 模型是著名的霍奇金-赫胥黎模型的简化版,

第3章 围绕不可激发型缺陷旋转的钉扎螺旋波动力学和最小缺陷尺寸的存在

也是一种流行的、通用的、无量纲的模型,已被相关理论所采用。我们在数值模拟中使用的方程为

$$\frac{\partial u}{\partial t} = (3u - u^3 - v) + D\nabla^2 u \quad (3.1)$$

$$\frac{\partial v}{\partial t} = \epsilon(u - \delta) \quad (3.2)$$

式中 u 和 v 分别为传播变量和控制变量,D 为扩散系数,在不失一般性的前提下,设置其值为1。兴奋性可以用两个参数来描述:一个是 ϵ;另一个参数是 Δ_0,等于失速状态和静息状态下控制变量 v 之差。在我们选择的模型中,Δ_0 由参数 δ 决定,$\Delta_0 = \delta^3 - 3\delta$。

在公式(3.1)和(3.2)的数值模拟中,我们使用了极坐标下的显式欧拉法和有限差分法。对于公式(3.1)中的扩散项,我们在缺陷和介质边界两种情形下都采用了无流量边界条件,即传播变量 u 在边界 n 处满足 $\partial u/\partial n = 0$。形成钉扎螺旋波的初始条件是在环状介质上先激发一个平面波。然后,平面波开始沿环状介质的角向方向逆时针传播,并逐渐演变为钉扎螺旋波。

缺陷的半径为 $r_0 = 80$。环介质的半径固定为 $R = 120$,这个半径要足够大,以避免其对钉扎螺旋波的动力学和不稳定性的测量产生影响。极坐标的空间步长为 $\Delta\rho = 0.1$ 和 $\Delta\theta = 2\pi / \left[\frac{2\pi(r_0 + R)}{2\Delta\rho} \right] \approx 9.9987 \times 10^{-4}$。因此,在径向上,缺陷边界的网格数为 $N_1 = 800$,环介质边界的网格数为 $N_2 = 1200$。沿径向的总网格数为 $N = N_2 - N_1 = 400$。沿角向的总网格数为 $M = 2\pi/\Delta\theta = 6284$。时间步长为 $\Delta t = 0.0002$。在钉扎螺旋波从平面波的初始条件开始,经过前三次绕缺陷旋转的瞬态过程之后,用后三次旋转的平均周期记为其旋转周期。

为了尽量减少收缩缺陷对钉扎螺旋波稳定性的扰动,并确保脱离只是由 r_0 变小而非扰动引起的,采用了以下新颖而谨慎的收缩缺陷方法。保持缺陷边界的网格数 N_1 不变,同时将 $\Delta\rho$ 乘以一个比例因子0.99。这样,缺陷边界的半径将缩小为 $r_0' = 0.99\Delta\rho N_1 = 0.99 r_0$。在保持 N、M 和 $\Delta\theta$ 不变的情

况下，u 和 v 的值仍保持钉扎螺旋波的状态，但被重新钉扎在了一个较小的缺陷上。由于环状介质边界缩放的更多，为了避免环状介质边界太小从而对钉扎螺旋波产生影响，可以在原环状介质外添加额外的网格，使其半径保持在 120 的原长。额外网格的点为 $N' \times M$，其中 $N' = \lceil 120/0.99\Delta\rho \rceil - N_2$。额外网格中 u 和 v 的值可设置为静息状态，这样不会对钉扎螺旋波的临界缺陷边界的测量造成任何干扰。根据有限差分计算稳定性的要求，时间步长 Δt 需要乘以 0.99^2。重复上述收缩方法，可以得到缺陷半径连续缩小的钉扎螺旋波的动力学结果，以及钉扎螺旋波因 r_0 减小导致的失稳。

我们选择 $\epsilon = 0.013$ 和 $\Delta_0 = 0.704$ 的弱激发性（即 $\delta = -1.60$）作为第一个例子，因为它应该也适用于先前已有的理论。图 3.1(a) 是我们数值模拟中的一个典型结果，展示了一个螺旋波绕着一个大小为 r_0 的缺陷逆时针旋转。在经过一个逐渐收缩 r_0 过程后，钉扎螺旋波逐渐趋向脱离缺陷的动力学不稳定点。图 3.1(a) 中的虚线表示沿波前的自然坐标 s。然后，我们检查从 $s=0$ 到 $s=220$ 的控制变量 v 在波前处的值 v_f，如图 3.1(b) 所示，发现其数值变化接近 10%。这就证明，在 r 较小时，v_f 不是恒定的，不能像以前的理论一样将其当作常量来近似。

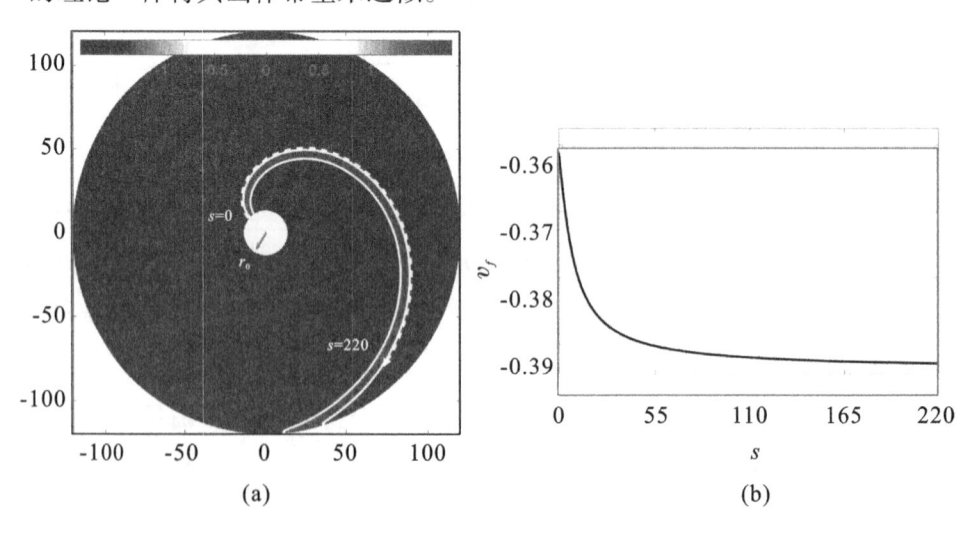

图 3.1 在钉扎螺旋波波前上建立的自然坐标系

第 3 章　围绕不可激发型缺陷旋转的钉扎螺旋波动力学和最小缺陷尺寸的存在

要描述针状螺旋体的动力学,其中一个重要的方面是其旋转周期 T 与缺陷半径 r_0 之间的关系。在数值模拟中,我们在不同 r_0 的密集数据点测量了 T 的精确值。当 r_0 缩小到 13.589 以下时,钉扎螺旋波会失稳并脱离缺陷。

3.3　理论分析及结果

3.3.1　加入程函关系的动力学方程理论

为了从理论上分析钉扎螺旋波的动力学,我们将非线性形式的程函关系与运动方程相结合,具体如下:钉扎螺旋波受程函关系支配,该关系描述了在自然坐标 s 处波前每一段的法向速度 $c_n(s)$ 对曲率 $K(s)$ 的依赖关系。为了消除程函关系线性形式的适用限制,使得我们的理论适用于钉扎螺旋波的所有情况,我们采用了非线性形式的程函关系[58],即

$$c_n(s) = c_p(T^*(s), \epsilon^*(s)) - DK(s) \tag{3.3}$$

其中

$$T^*(s) = \frac{T}{1 + \dfrac{DK(s)}{c_p(T,\epsilon)}} \tag{3.4}$$

$$\epsilon^*(s) = \epsilon\left[1 + \frac{DK(s)}{c_p(T,\epsilon)}\right] \tag{3.5}$$

$c_p(T,\epsilon)$ 是色散关系,它给出了在给定 T 和 ϵ 时的平面波速度 c_p,其结果可通过文献[71]中 Winfree 提出的数值模拟方法计算得出。需要说明的是,尽管文献[58]给出的公式(3.3)至(3.5)是针对周期性靶波推导的,但通过将其理论结果与数值模拟结果进行比较,可以说明它们也适用于钉扎螺旋波。将旋转周期 T 和数值模拟得到的曲率 $K(s)$ 代入公式(3.3)至(3.5),它们的解就是非线性程函关系给出的 $c_n(s)$,在图 3.2 中以菱形表示。理论解与数值模拟结果仅在缺陷边界 $s \to 0$ 附近略有偏差。我们采用的非线性程函关系的优点是不需要大 T 和小 ϵ 的先决条件,不受任何特定模型的约束,而且适

用于所有情况下的螺旋波。

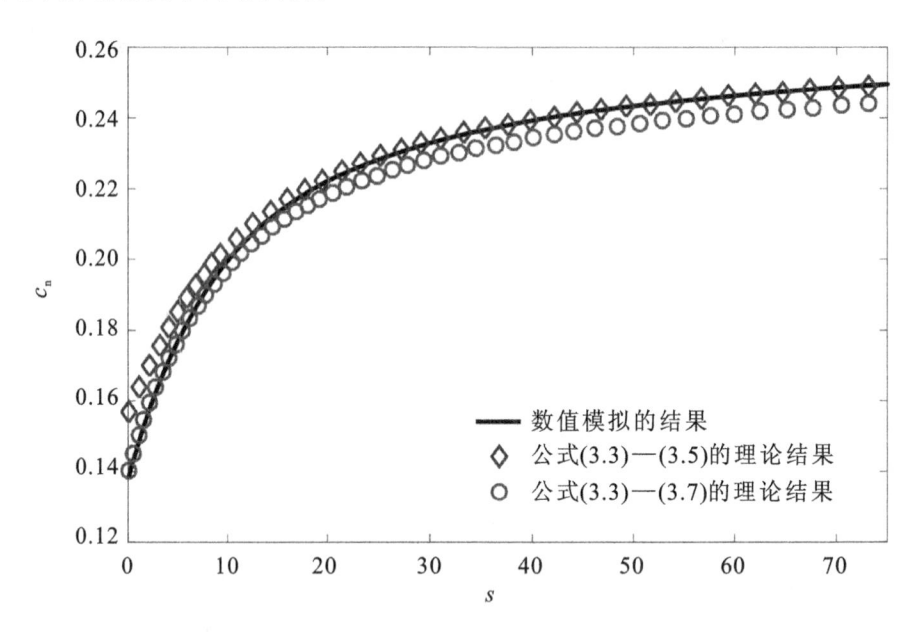

图3.2 钉扎螺旋波波前法向速度 c_n 的数值模拟与理论的结果比较

此外,由于螺旋波是围绕缺陷刚性旋转的,因此波前足以单独描述整个钉扎螺旋波。对于波前自然坐标 s 处的每个波段,其法向速度 $c_n(s)$、切向速度 $c_\tau(s)$ 和曲率 $K(s)$ 遵从下面的运动学方程

$$\frac{\mathrm{d}c_n(s)}{\mathrm{d}s} = \frac{2\pi}{T} - K(s)c_\tau(s) \quad (3.6)$$

$$\frac{\mathrm{d}c_\tau(s)}{\mathrm{d}s} = K(s)c_n(s) \quad (3.7)$$

上述两个方程的推导是基于任意刚性旋转波前的运动学原理。因此,它们与模型无关,适用于钉扎螺旋波的所有情况。

波前的动力学不仅受公式(3.3)—(3.7)的约束,还受缺陷和环形介质外边界上两个零流边界条件的约束。但是,由于我们考虑了环形介质边界足够大的情况,可以避免其对钉扎螺旋波的动力学和不稳定性的影响。因此,环形介质边界的零流边界条件可以用自由边界条件下的螺旋波在 $s \to \infty$ 处的渐近解,即阿基米德螺旋波解来代替。因此,这些方程本质上是一个边

第3章 围绕不可激发型缺陷旋转的钉扎螺旋波动力学和最小缺陷尺寸的存在

界的边界值问题。

为了求解公式(3.3)—(3.7)的边界值问题,我们采用了一种射击算法[51],具体如下。给定 r_0 和 ϵ,我们从任意选择的 $c_n(0)$ 值开始,算出 $T = 2\pi r_0/c_n(0)$。然后我们同时求解缺陷边界 $s=0$ 处的公式(3.3)—(3.5),得到 $K(0)$。由于缺陷边界是零流边界条件,波前只能垂直于缺陷边界,所以 $c_\tau(0)=0$。以已知的 $c_n(0)$、$c_\tau(0)$ 和 $K(0)$ 作为初始条件,我们沿着波前的自然坐标系,在一个非常小的积分步长 Δs 上对公式(3.6)和(3.7)进行积分,得到 $c_n(\Delta s)$ 和 $c_\tau(\Delta s)$。同样,$K(\Delta s)$ 可以通过在 $s=\Delta s$ 处同时求解公式(3.3)—(3.5)得到。

此外,在给定的坐标 s 下,波前的笛卡尔坐标 $x(s)$ 和 $y(s)$(笛卡尔坐标原点位于缺陷中心),以及波前法线方向与 x 轴之间的夹角 $\theta(s)$ 由以下公式给出

$$x(s) = x(0) + \int_0^s \sin(\theta(s')) \mathrm{d}s'$$

$$y(s) = y(0) - \int_0^s \cos(\theta(s')) \mathrm{d}s'$$

$$\theta(s) = \theta(0) - \int_0^s K(s') \mathrm{d}s'$$

其中 $x(0)$、$y(0)$ 和 $\theta(0)$ 可以沿缺陷边界任意选择(例如,$x(0)=0$、$y(0)=r_0$ 和 $\theta(0)=\pi$)。极坐标 (r,ϕ) 可以写成 $r(s)=\sqrt{x^2(s)+y^2(s)}$ 和 $\phi(s)=\arctan\left(\frac{y(s)}{x(s)}\right)$,其中 $\phi(s)$ 取值区间为 $[0,2\pi)$。

由于我们得到了 $c_n(\Delta s)$、$c_\tau(\Delta s)$ 和 $K(\Delta s)$,接下来上述沿着自然坐标系的积分可以继续,直到环形介质的外边界。如上所述,环形介质外边界处的零流边界条件可以被替换为自由边界下阿基米德螺旋波在 $s \to \infty$ 的渐近解,可以表示为 $c_n(s \to \infty) = c_p(T, \epsilon)$、$c_\tau(s \to \infty) \to \infty$ 和 $K(s \to \infty) \to 0$。在这个过程中,最初猜测的 $c_n(0)$ 将被修正为它的精确解,以满足这些边界条件。这就意味着,使用这种射击方法,我们可以在给定的 r_0 和 ϵ 下

得到波前上所有位置 s 处的 T、$K(s)$ 和 $c_n(s)$。结果表明，$K(s)$ 和 $c_n(s)$ 的理论结果与数值结果非常吻合，具体如图 3.2 和图 3.3 中的空心圆所示。

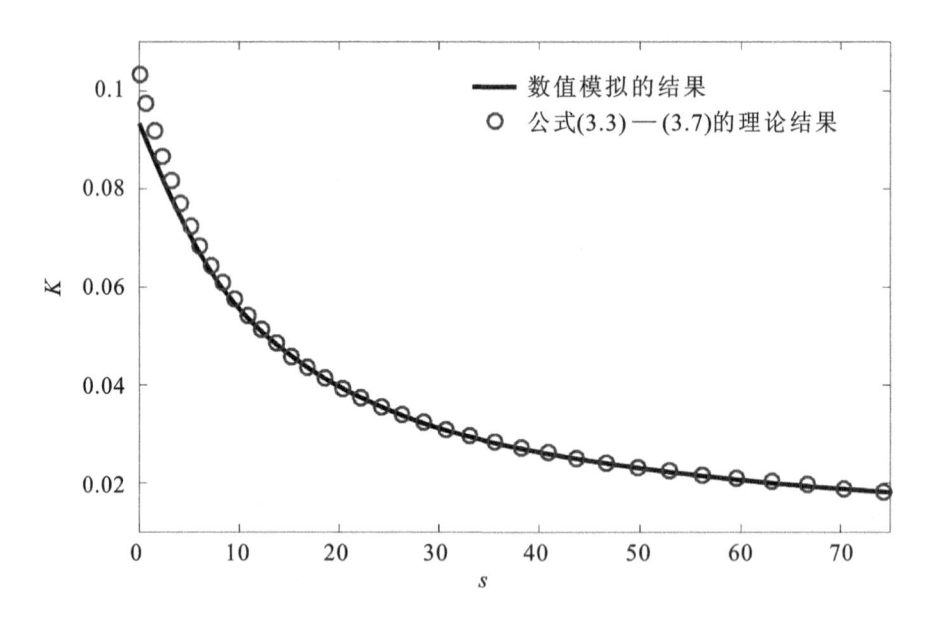

图 3.3　钉扎螺旋波波前曲率 K 的数值模拟与理论的结果比较

我们利用上述的理论求解得到了缺陷半径 r_0 与钉扎螺旋波旋转周期 T 之间的动力学关系，如图 3.4 中空心圆所示。通过和实线所示的数值模拟结果相比较，我们发现理论结果在任何 r_0 条件下都能定量地与数值模拟结果相匹配。为了与先前研究者的理论进行比较，我们根据 Winfree 提出的变换规则[71]，将他们的公式调整为与本书相同的表示形式。比如 Tyson 和 Keener 在参考文献[56]中的公式变为如下形式

$$\frac{2\pi}{T} = \frac{c_p(4c_p r_0 + 1 - \sqrt{8c_p r_0 + 1})}{4r_0(c_p r_0 + 1)}$$

当 $r_0 > 0$ 时，对于 $r_0 \approx 0$ 和 $c_p/\epsilon > 10$ 的情况，上式变为

$$\frac{2\pi}{T} = m^* c_p^2 - \alpha^* c_p^4 r_0^2$$

其中 $m^* = 0.330958$、$\alpha^* = 0.097$。

第3章 围绕不可激发型缺陷旋转的钉扎螺旋波动力学和最小缺陷尺寸的存在

Hakim 和 Karma 在参考文献[59]中的公式变为如下形式

$$\frac{2\pi}{T} = \frac{c_p}{r_0} + \frac{2^{1/3} c_p^{1/3} a_1}{r_0^{5/3}}$$

其中 $a_1 = -1.01879$。

而 Loeber 和 Engel 在文献[68]中的公式变为如下形式

$$\frac{2\pi}{T} = \frac{c_p^3 (2\pi r_0 - T c_p)^2 \sqrt{c_p^2 (2\pi r_0 - T c_p)^2 - 16\pi^2}}{16\pi^2 r_0 c_p (2\pi r_0 - T c_p) \sqrt{\dfrac{r_0 c_p \sqrt{c_p^2 (2\pi r_0 - T c_p)^2 - 16\pi^2}}{c_p (2\pi r_0 - T c_p)} + 1}}$$

在上述三个方程中，c_p 也是色散关系 $c_p(T,\epsilon)$。因此，上述三个方程分别是以 ϵ 为参数，以 r_0 和 T 为变量的隐式函数。用他们计算的 $r_0 - T$ 的关系结果分别如图3.4中的实心圆、叉号和加号所示。可以看出，随着 r_0 的缩小，先前研究者的结果与数值模拟结果均存在偏差。

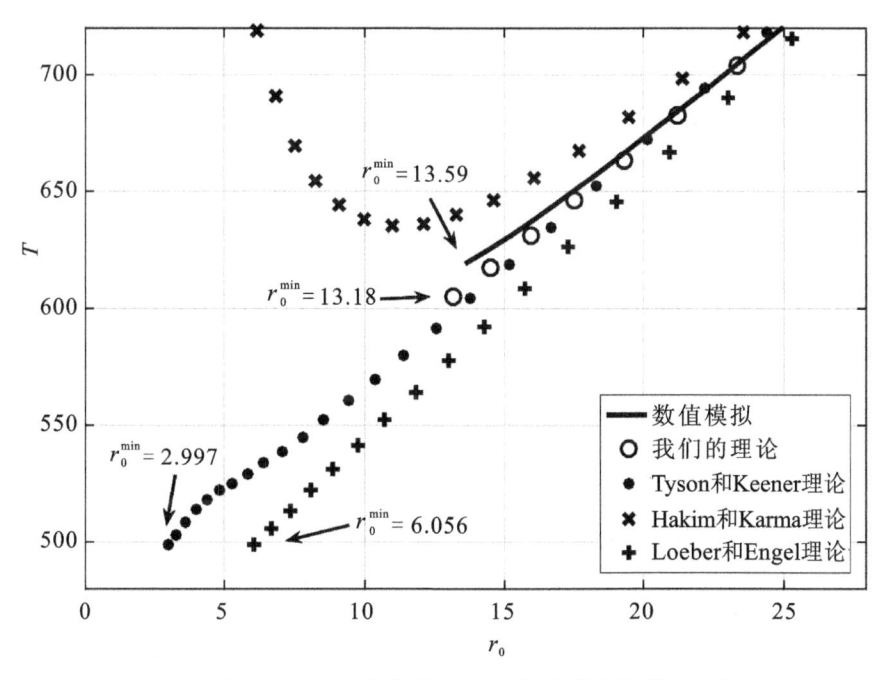

图3.4 我们的理论以及先前研究者的理论与数值模拟的比较结果

我们的理论结果之所以能在 r_0 较小时仍然保持与数值模拟结果的定量吻合，而先前研究者的理论结果却不能，是因为我们的理论隐含地考虑了 v_f

在整个波前上不是常量而是变量的事实。在公式(3.3)中,色散关系表示为 $c_p = c_p(T^*(s), \epsilon^*(s))$,在文献[124]中也表示为 $c_p(v_f)$。因此沿波前变化的变量 v_f 可以看作是自然坐标 s 的函数,即 $v_f = v_f(c_p) = v_f(T^*(s), \epsilon^*(s)) = v_f(s)$。在公式(3.4)和(3.5)中,$T^*(s)$ 和 $\epsilon^*(s)$ 取决于 $K(s)$,而 $K(s)$ 随着波前自然坐标 s 的变化而变化。因此,v_f 会随 s 的变化而变化。

除了动力学结果,我们关于钉扎螺旋波不稳定性的理论结果也定量地符合模拟结果,如图 3.4 所示。公式(3.3)中的非线性程函关系需要用色散关系来计算 $c_p(T^*(s), \epsilon^*(s))$ 项的值。如图 3.5 所示,我们根据 Winfree 方法[71]得到的色散关系 $c_p(T, \epsilon)$(渐变灰色斜面)有一个不稳定的边界(虚线)。在这个不稳定边界以下,过小的 T 或过大的 ϵ 都不存在稳定的周期性激发波。在我们的理论中,缩小缺陷尺寸 r_0 会使 K 变大,从而使公式(3.4)中的 $T^*(s)$ 变小,以及公式(3.5)中的 $\epsilon^*(s)$ 变大。最后,这会促使 $c_p(T^*(s), \epsilon^*(s))$ 达到不稳定边界,并将该不稳定性带入包含 $c_p(T^*(s), \epsilon^*(s))$ 的公式(3.3)至(3.7)中,导致由此求出的钉扎螺旋波处于失稳态,即从缺陷上脱离。

此外,由于缺陷边界 $s=0$ 处的 $K(s)$ 最大,因此 $T^*(s=0)$ 最小,$\epsilon^*(s=0)$ 最大。这意味着在 $s=0$ 处的 $c_p(T^*(s), \epsilon^*(s))$ 总是第一个到达色散关系的不稳定边界。因此,我们只需要考虑当 r_0 缩小时 $c_p(T^*(s), \epsilon^*(s))$ 的稳定性。这可以通过将 r_0 减小时的 $c_p(T^*(s=0), \epsilon^*(s=0))$ 值绘制成图 3.5 中的空心圆来展示其失稳机制,选择 $T=T^*(s=0)$ 和 $\epsilon=\epsilon^*(s=0)$ 为图中的 x 轴和 y 轴坐标。随着 r_0 从 50 缩小到 13.181,$c_p(T^*(s=0), \epsilon^*(s=0))$ 的空心圆到达不稳定边界的虚线,说明我们理论预言此时的钉扎螺旋波的解不再稳定。它正好对应了数值模拟结果,即钉扎螺旋波从缺陷边界脱离,因为缺陷边界附近的激发波波段变得不稳定并消失了。

Tyson 和 Keener 的理论结果在图 3.5 中展示为实心圆,表示在 $\epsilon=0.013$ 和 $\Delta_0=0.704$(即 $\delta=-1.60$)的激发性下,当 r_0 从 50 缩小到 2.997 时,$c_p(T, \epsilon)$

达到不稳定状态,预测此时钉扎螺旋波失稳。但这与数值模拟结果不符。

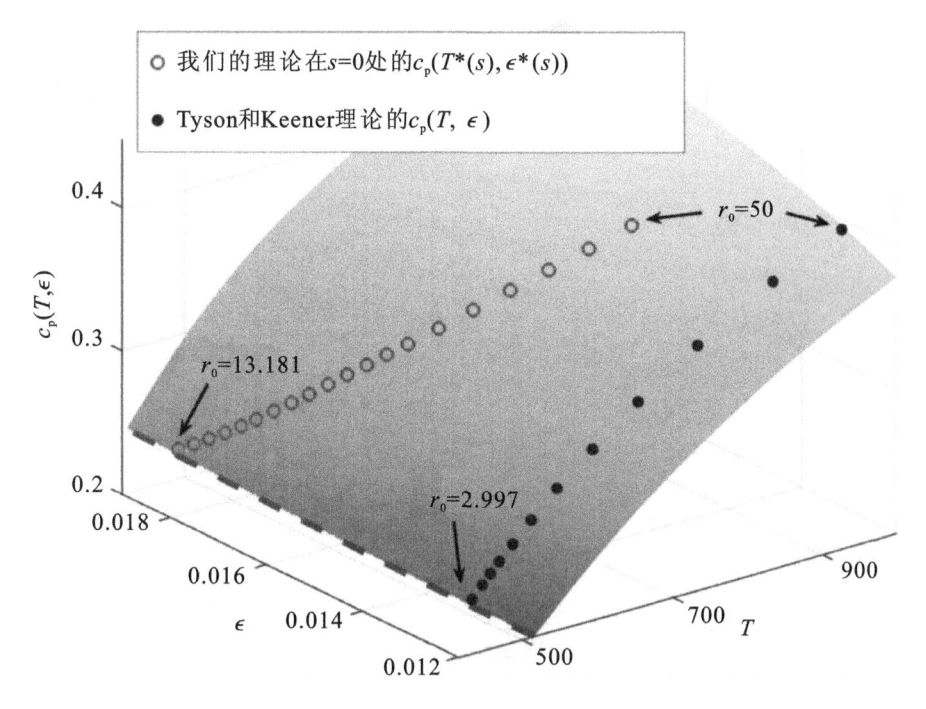

图 3.5 $c_p(T,\epsilon)$ 的色散关系及其失稳机制的理论结果对比

3.3.2 理论结果在广泛情况下吻合模拟结果

为了证明我们的理论在任何激发性和缺陷大小下都是有效的,我们以另外两个激发性参数为例,即 $\epsilon = 0.445$, $\Delta_0 = 1.7429$($\delta = -1.28$) 和 $\epsilon = 0.013$, $\Delta_0 = 1.9997$($\delta = -1.01$),分别如图 3.6(a) 和图 3.6(b) 所示。在这两个例子中,我们关于钉扎螺旋波失稳点(最小缺陷半径 r_0)和动力学(缺陷半径 r_0 与螺旋波旋转周期 T 的关系)的理论结果(空心圆)也与数值模拟结果(实线)定量上相吻合。值得注意的是,图 3.6(b) 的参数对应的是高激发性,即便在 r_0 很小时,数值模拟也没有发生钉扎螺旋波脱离缺陷的现象。

而先前研究者的理论结果,在图 3.6 中分别以圆点、叉号和加号表示。可见其关于钉扎螺旋波失稳点和动力学的结果,均和数值模拟结果有一定的误差。

到目前为止,我们已经展示了在不同激发性及各种缺陷大小下,钉扎螺旋波失稳点和动力学的理论结果。基本涵盖了存在钉扎螺旋波的整个参数空间。因此,这些例子表明,我们关于钉扎螺旋波的理论结果符合所有情况下的数值模拟结果。

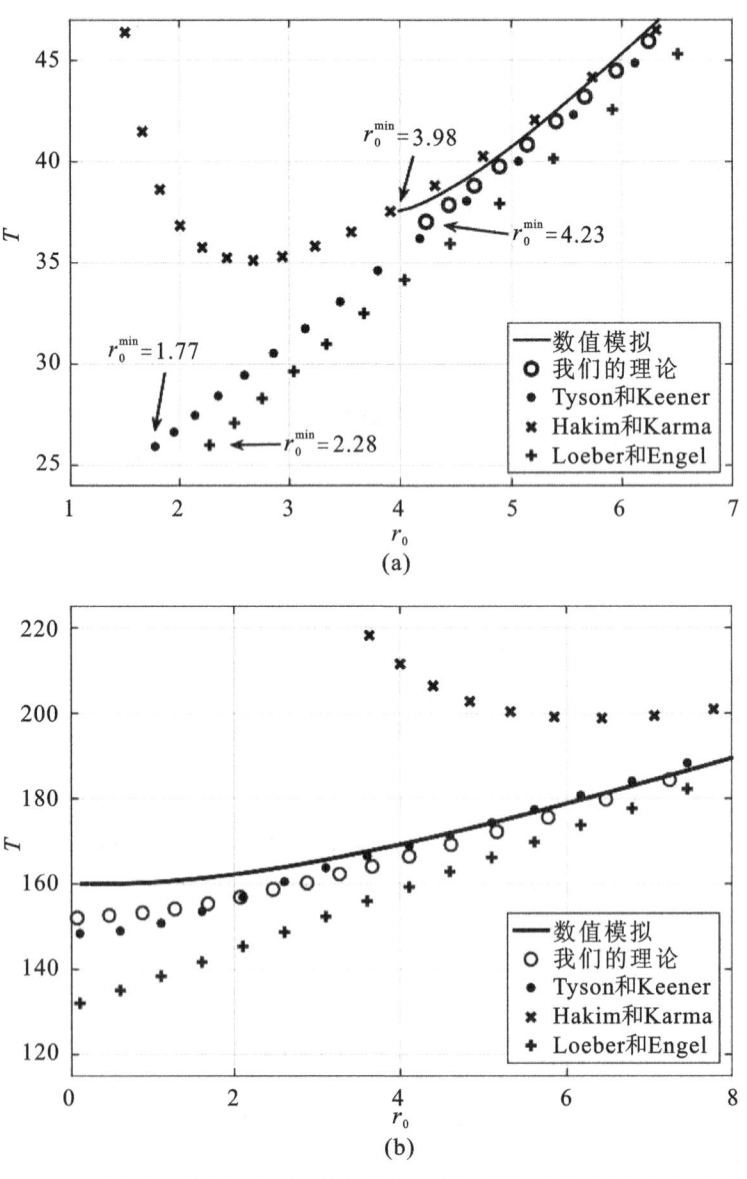

图3.6 我们和先前研究者的理论与数值模拟在不同激发性下的结果比较

第 3 章　围绕不可激发型缺陷旋转的钉扎螺旋波动力学和最小缺陷尺寸的存在

此外,图 3.7 展示了我们和先前研究者的理论与数值模拟在不同激发性下最小缺陷半径 $r_0^{\min}$ 的结果对比。数值模拟结果表明,$r_0^{\min}$ 会随着激发性的降低而减小。我们的理论结果与数值结果定量吻合。Loeber 和 Engel 的方法[68]虽然也揭示了这一趋势,但偏差很大,而且未能算出 $\delta = -1.50$ 时 $r_0^{\min}$ 的值。Tyson 和 Keener 的方法[56]在 $\delta \geqslant -1.58$ 后即无法算出 $r_0^{\min}$ 的值。而 Hakim 和 Karma 的方法[59]在所有情况下都无法算出 $r_0^{\min}$ 的值。

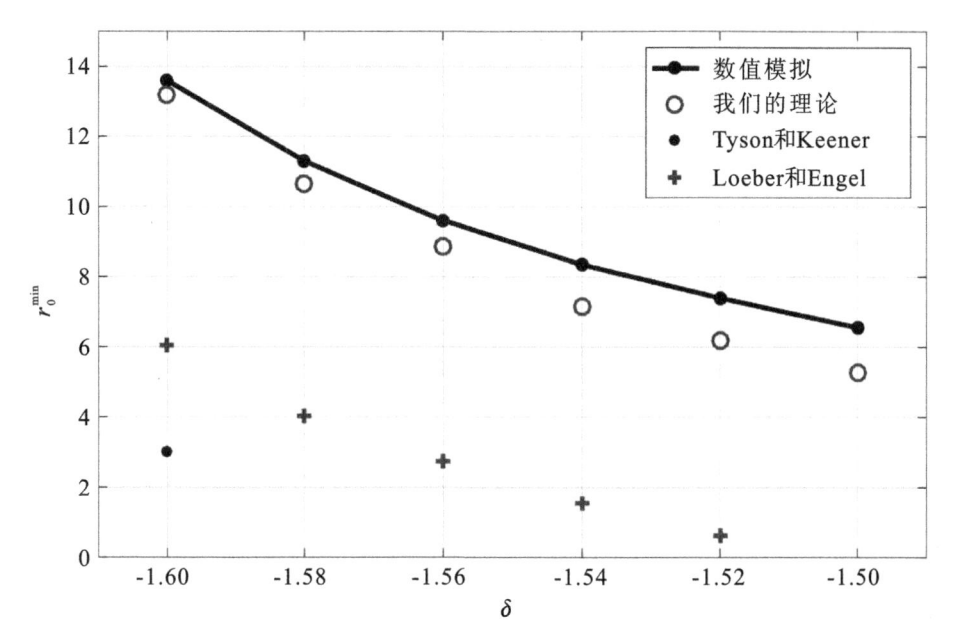

图 3.7　我们和先前研究者的理论与数值模拟在不同激发性下最小缺陷半径的结果比较

3.4　讨论及结论

值得一提的是,当 r_0 接近最小缺陷半径 $r_0^{\min}$ 时,我们的理论结果与数值模拟结果略有偏差。这是因为 r_0 越小,曲率 $K(s)$ 越大。我们采用的非线性程函关系使用了有限重正化技术,因此要求曲率 $K(s)$ 相对较小。但是,我们的数值模拟结果发现,即使 r_0 小到足以引起钉扎螺旋波脱离缺陷,曲率也不会大于 0.1。这一事实证明了非线性程函关系以及我们的理论适用于钉扎螺旋波的动力学和不稳定性。而且,我们和已有的理论都只考虑了各向同性的可激发介质,这在理论分析中很常见。对于更复杂的情况,如各向异性介质,还需要进一步研究。

  总之,我们解除了先驱们采用的大缺陷或弱激发性的限制,提出了关于钉扎螺旋波动力学和不稳定性的普遍适用、定量吻合的理论。特别是通过公式(3.4)和(3.5)的映射规则和降低维度,我们对失稳的机制有了更好的理解。这种分析不稳定性的理论方法可能会对其他非线性问题有所启发。最后,需要指出的是,我们使用的FHN模型对于模拟实际心脏系统来说过于简单。为了给实际应用于真实的心脏组织提供有用的指导,还需要考虑更真实的心脏活动进行进一步的研究。

第 4 章　不均匀激发介质中向内传播的螺旋波

4.1 引言

向内传播的激发波,例如向内传播的靶波(inwardly propagating concentric waves)和向内传播的螺旋波(inwardly rotating spirals,IRS),首次在实验中被发现是在振荡态下的 BZ 反应中,即分散在水中的油包水型气溶胶 OT(AOT)微乳液的液滴(称为 BZ – AOT 系统)中观察到的[72-73],如图 4.1 所示。随后,向内传播的波被发现在其他的系统中也存在,如绿泥石碘化丙二酸反应(CIMA)(图 4.2)[74-75],振荡态下在 Pt(110)表面的 CO 氧化反应[76],振荡态的人工细胞(图 4.3)[77],糖酵解(图 4.4)[78],等等。众多的理论和数值模拟方面的研究已经对这些向内传播的波的行为展开了大量的讨论[79-91]。

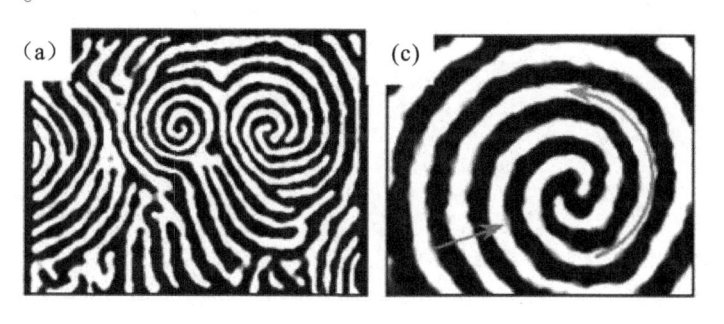

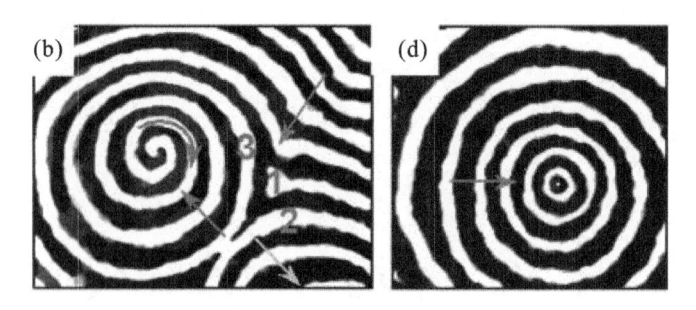

图 4.1　振荡态 BZ – AOT 中向内传播的靶波和螺旋波[72]

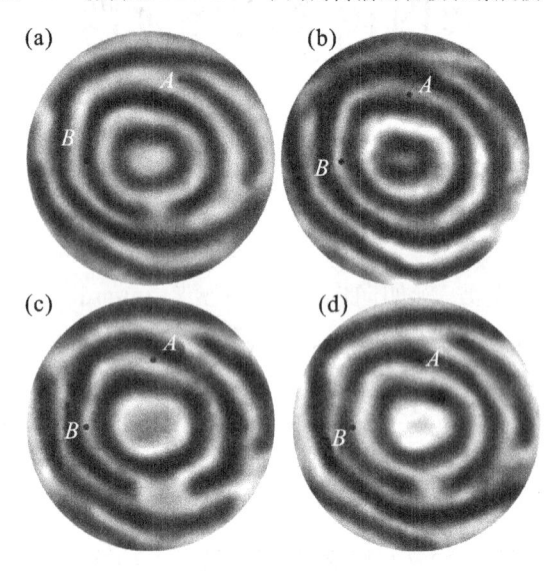

图 4.2　CIMA 中向内传播的靶波[75]

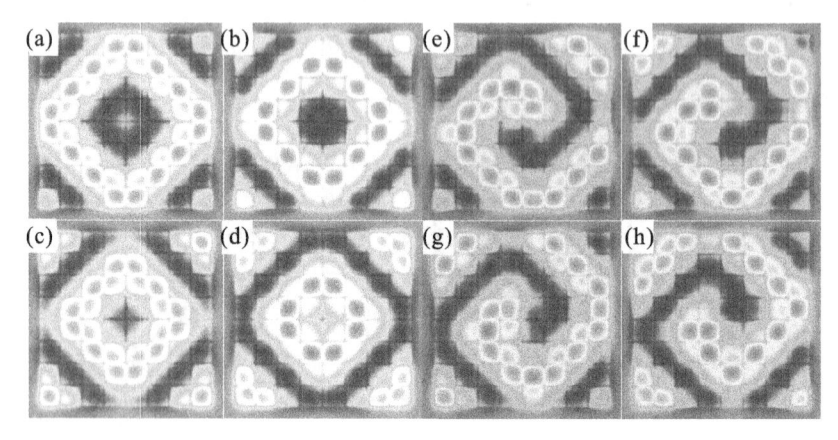

图 4.3　振荡态人工细胞中向内传播的靶波和螺旋波[77]

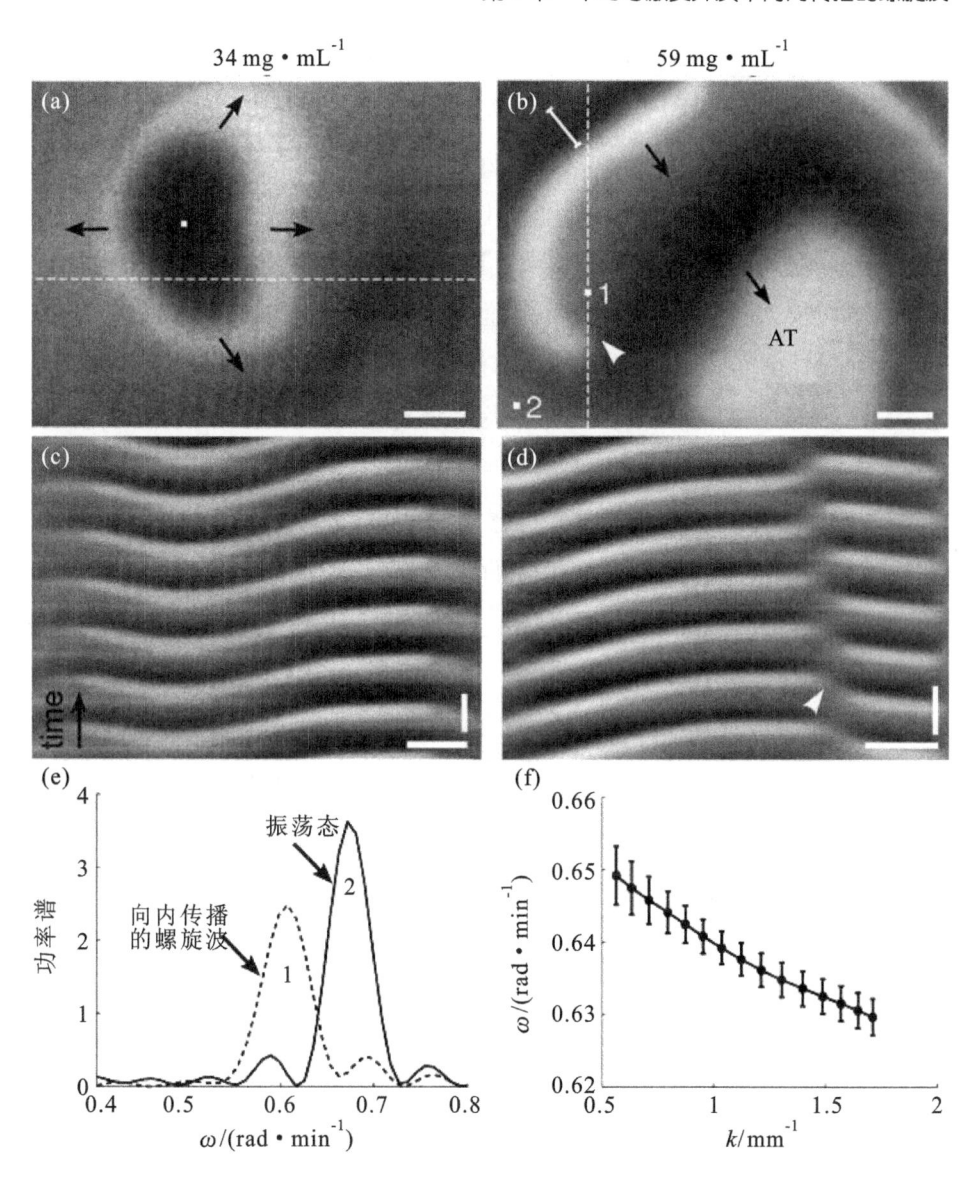

图 4.4 糖酵解中向内传播的 NADH 波[78]

然而,相比前面振荡态的例子,在可激发系统中,比如心脏组织和其他生物系统中,向内传播的螺旋波仍然是一个悬而未决的问题。虽然在一个由可激发介质构成的球面上,已经能实现一对向内和向外旋转螺旋波的同时存在[92-93],但这主要是因为球面这个特殊的拓扑结构导致的。有研究认为[94-95]，向内传播的螺旋波是不能存在于均匀的可激发系统中的。

但是，正如大家所知，真实系统从来在空间上是不均匀的，均匀系统通常只是为了理论研究的方便而做的近似假设。但是，对于空间异构（不均匀）可激发系统的研究，无论是理论上的[96-100]，还是实验方面的[101]，大家的关注点都在于向外传播的螺旋波。Lazar等人[102]构建了一个能够快速传播的化学激发波大环套在一个传播速度相对慢的小环上的系统，并在其中发现了向内旋转的波。然而，相对于环形介质，无孔的盘状介质上的激发波是大家更为关注的方面[56]。因为在大多数实验中，介质在中心是没有孔的。最近，有研究报道了在无孔的分别由一个小的圆形区域和外面一个较大的环形区域构成的振荡态介质中汇型螺旋波(sink spiral)的存在[103]。不同于在均质振荡介质中向外和向内旋转的螺旋波，它们的群速度仍然都是向外的，汇型螺旋波的群速度是向里的。这为我们在可激发的异构介质中寻找向外传播的螺旋波提供了思路。

类似于上面提到的分别由一个小的圆形区域和外面一个较大的环形区域构成的介质，我们简单称其为圆盘状介质。这样的圆盘状介质在真实系统中是存在的：在缺血性心律失常中，正常组织因为缺血导致可激发性和传导速度相较周围的正常组织而言有所降低[104-105]；黏菌变形虫中，高激发性的PST细胞聚集在堆中心，使得堆的外围处在一个相对较低的激发性下[106]。除了现实世界中的以上两个例子，光敏的BZ反应[107]和CO氧化Pt(110)表面上Pt(110)的不同态[108]，在这种无孔不均匀的圆盘状介质上也都是可以很容易实现的。

在本书中，为简单起见，我们简化圆盘状介质的外区为一个薄的圆环，并研究了在这样一个激发性非均匀的圆盘状介质中激发波的传播。我们发现，向内传播的螺旋波是可以出现的，当然它们的形成在很大程度上取决于介质本身的激发性以及其不均匀的程度。

4.2 数值模拟模型

在本章中我们使用了双变量的反应扩散模型：FHN模型[39,109]

第4章 不均匀激发介质中向内传播的螺旋波

$$\frac{\partial u}{\partial t} = D\Delta u + (3u - u^3 - v) \tag{4.1}$$

$$\frac{\partial v}{\partial t} = \epsilon(u - \delta) \tag{4.2}$$

如图 4.5(a)所示,我们把介质分为两部分:内盘部分和外圈部分,两部分的 ϵ 都是 0.013,D 都是 1,但是参数 δ 不同,这使得两部分的激发性不同。

我们在二维直角坐标下利用有限差分方法求解上述方程。但由于介质的边界是圆形的,不便于施加常见的零流边界条件,因此我们使用相场法(详见附录)来为整个介质最外面的边界添加零流边界条件。具体方法如下:将相场 ϕ 在圆盘介质内的区域设置为 1,在介质外的区域设置为 0,并使用松弛法来平滑其从 0 到 1 的中间区域的取值。经过这些操作后,我们将相场加入公式(4.1),使得 FHN 模型的反应扩散模型变为

$$\frac{\partial u}{\partial t} = \nabla(\log \phi) \cdot (D\nabla u) + \nabla(D\nabla u) + (3u - u^3 - v) \tag{4.3}$$

$$\frac{\partial v}{\partial t} = \epsilon(u - \delta) \tag{4.4}$$

相场 ϕ 的取值从圆盘介质内 1 平滑变为介质外 0 的中间区域,该区域的宽度一般只有几个单位空间长度(SU)。在本章研究的向内传播激发波的情况下,中间区域是 6 个单位空间长度左右。根据相关文献[51-53]的证明,这使得公式(4.3)在中间区域的扩散项近似满足零流边界条件的要求。所以圆盘介质的零流边界是隐含在上述经相场法修改过的反应扩散模型,即公式(4.3)和(4.4)中的。接着我们使用显式欧拉迭代方法来数值求解该模型,其中 $x = 0.3, t = 0.02$。系统的尺寸是 1024×1024。初始的激发我们加在外环的最上边,并让其顺时针旋转。

当内盘部分处于弱激发(甚至次激发)的时候和激发性相对较高的外环部分一起组成的圆盘状介质,能够支持 IRS 的产生。如图 4.5(a)所示,最初在外环最上面的激发波传播到内盘部分。如图 4.5(b)所示,由于激发性较高,在外环处激发的波的传播速度比内盘处的高。外环部分中的波拖着整

个波顺时针旋转,并作为波源持续激发邻近的内盘部分。而 IRS 的端点则作为波汇,从波源处传来的激发波在该处湮灭。图 4.5(c)中的时空图表明,激发波从外环处发出,向介质中心的内部传播,所以是向内传播的螺旋波。

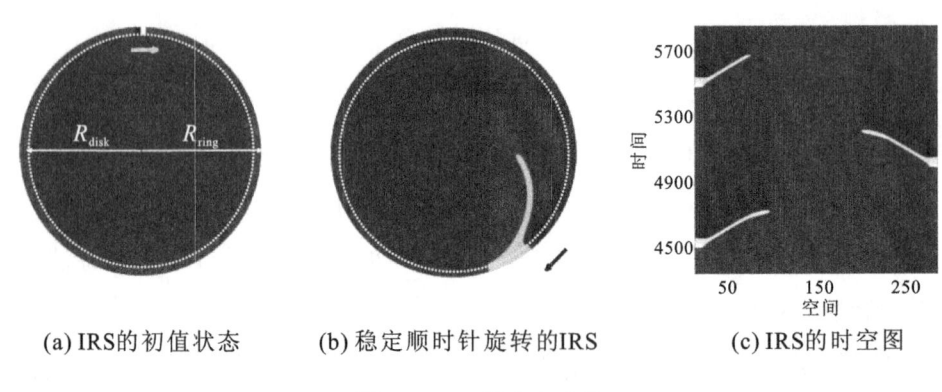

(a) IRS 的初值状态　　(b) 稳定顺时针旋转的 IRS　　(c) IRS 的时空图

图 4.5　IRS 的产生过程

除了 IRS,我们也观察到一些中间态斑图、无激发态斑图和不稳定斑图。在图 4.6 中,我们给出了在由参数 δ_{disk} 与 δ_{ring} 构成的相空间上,上面提到的各种斑图所处的位置。需要指明的是,在可激发性参数空间上,能产生螺旋波

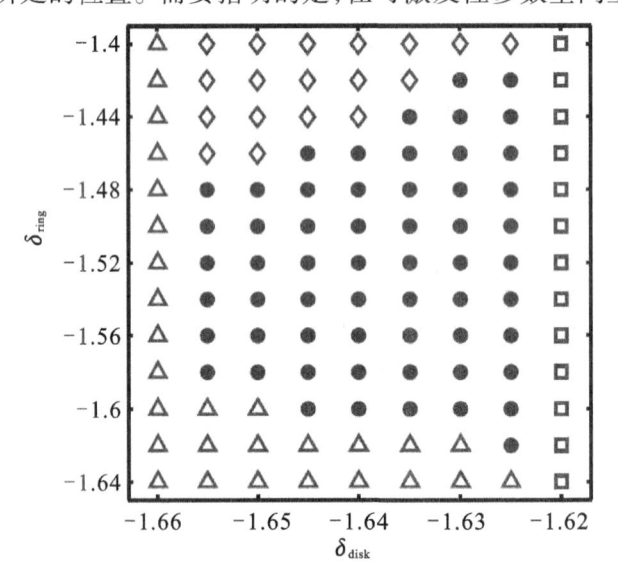

图 4.6　IRS(实心圆)、中间态斑图(方形)、无激发态斑图(三角形)和不稳定斑图(菱形)在相空间中的位置

· 56 ·

第4章 不均匀激发介质中向内传播的螺旋波

的区域和次激发的区域的边界(∂R)位于$\delta=-1.628$处,而激发区和不可激发区位于$\delta=-1.667$(∂P)处。这两个边界值的测量,我们使用了相关研究[61,110]中介绍的方法。从图4.6可以看出,这两个边界并不与能够产生IRS的边界重合。

中间态斑图处于图4.6的右侧,即当把δ_{disk}增加到一定值时。它分开了向内和向外传播的两种螺旋波状态。在我们的模拟中,它的分界值是$\delta_{disk}=-1.62$,仍是弱激发,而不是次激发。当$\delta_{disk}=-1.62$时,如图4.7(a)所示,激发波的中心和外面部分以相反的方向弯曲,这就像在周期性强迫振荡介质中扭曲的螺旋波一样[111]:中心和外面两部分激发波互相竞争;中心部分作为一个向外旋转的螺旋波,而外面部分则是 IRS 波。进一步增加δ_{disk},中心部分就会压过外面部分,那时向外旋转的螺旋波就会主导整个介质。无激发波斑图位于图4.6的左边和下方,如图4.7(b)所示,没有激发波传播到内盘部分。然而,在这种模式中,δ_{disk}的值仍然大于$\partial P(\delta=-1.667)$,因此内盘部分仍然是可激发的。

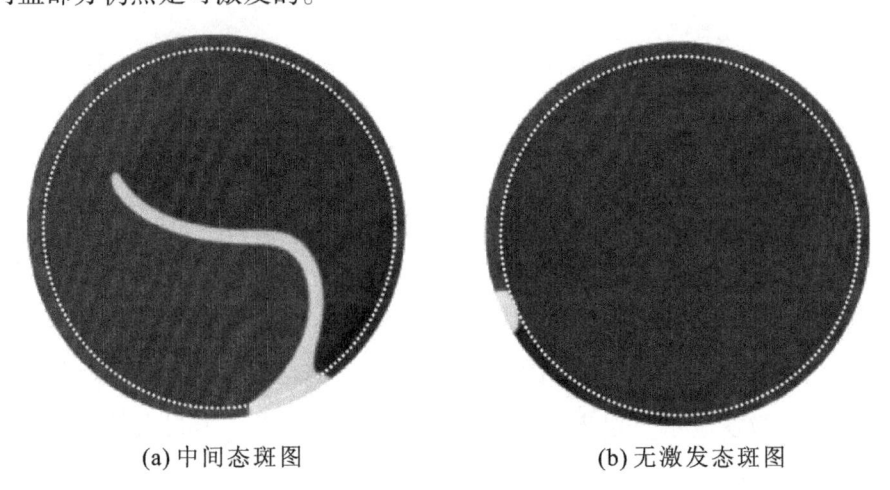

(a) 中间态斑图　　　　　　　(b) 无激发态斑图

图4.7　中间态斑图和无激发态斑图

从图4.6的 IRS 区域出发,如果我们增加δ_{ring}的值,IRS 就会变得不稳定,这对应于上面提到的不稳定的斑图。我们用菱形将其标示在图4.6的顶部。不稳定的原因是δ_{ring}的取值较大,使得 IRS 的旋转周期小于内盘介质的不应期。正如图4.8(a)所示,当IRS形成后,它在内盘与外环交界面上的部分最先碰到不应期的区域,这就导致了IRS在交界面处断开了。随后,内盘里剩下的波段,随着旋转就会慢慢消失。而外环部分的激发波仍然顺时针转动,如图4.8(b)所示。直到内盘部分的激发波回复到可激发状态,外环上的激发波能够再次激发邻近区域的内盘部分,并进而形成新的IRS。这样的形成过程在断裂消亡的过程中不断往复,就是我们所讲的不稳定的斑图。

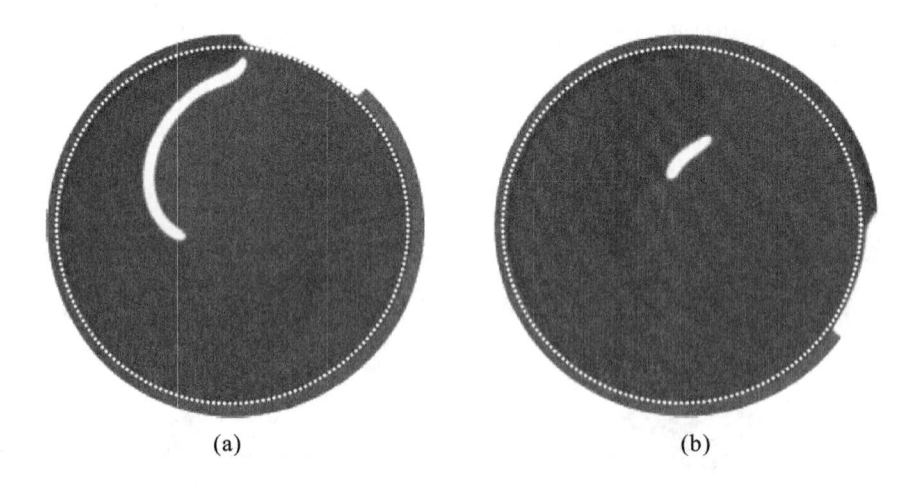

图4.8 不稳定的斑图

如图4.5(c)所示的时空图暗示了IRS端点的运行轨迹并不是一个严格的圆。因此我们进一步研究了它的轨迹,并把它标示在图4.9中。在图4.6中IRS区域的右半部分,形成的IRS通常都有很长的臂,而它们的端点运动轨迹则是类似漫游的样子,如图4.9(a)所示。但是在图4.6中IRS区域的左半部分,激发波端点沿着一个圆形在旋转,并形成一个很大的核心区域(core),如图4.9(b)所示。

我们研究了IRS核心区域的半径和参数δ的关系。正如上文所讲,当螺旋波的臂足够长时,核心区域就不再是一个圆形了。因此,我们使用两个测量值来描述核心区域的半径:一个是最小半径,即端点最靠近介质圆心时到介质圆心的距离;另一个是平均半径,即端点到介质圆心的距离随时间的平均值。在图 4.10 中,我们展示了最小半径和平均半径与 δ_{disk} 和 δ_{ring} 的依赖关系。图 4.10 也说明了,内盘或是外环上的激发性越强,最小半径和平均半径的差别就越明显,端点的运动轨迹也就越不规则。

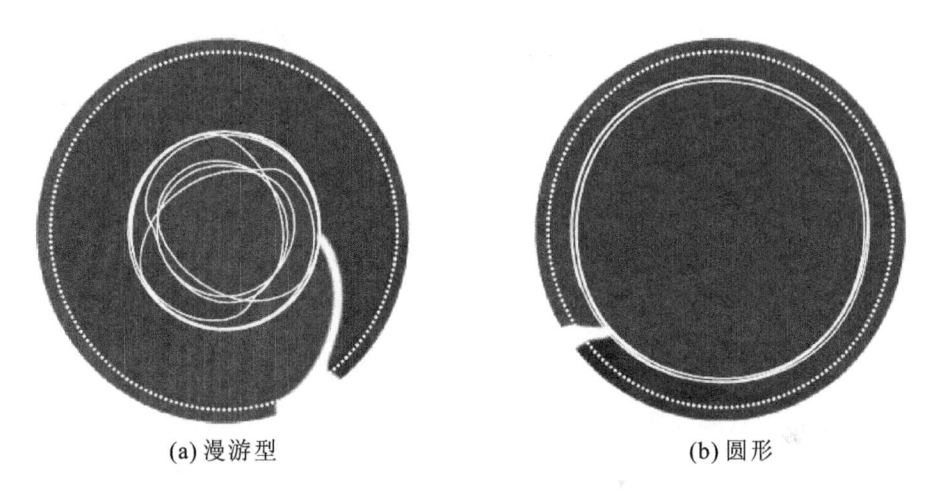

(a) 漫游型　　　　　　　　　(b) 圆形

图 4.9　端点运动轨迹

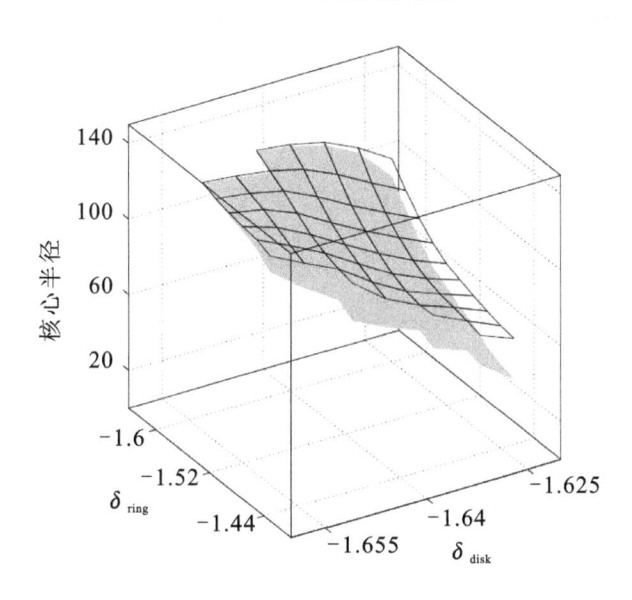

图 4.10　最小核心半径(灰色面)和平均核心半径(网格面)

4.3 结果讨论

如图 4.5(b) 所示，IRS 的曲率是凹的。通常来讲，在均匀介质上，凹形的激发波是不稳定的。但是在本章的情况下，介质激发性的不均匀导致了凹形波的稳定存在：为了赶上以更高速度旋转的外环上的激发波，内盘上的波必须加速。在二维介质上，速度和曲率的关系可以用程函关系来表示：

$$c_n = c_p - DK \tag{4.5}$$

其中 c_n 是法向速度，c_p 是平面波速度，D 是扩散系数，K 是激发波的曲率。为了加速内盘上的激发波，曲率 K 在上式中要变为负的。也就是说，内盘上的激发波也是凹的。这种情况和在一个由两边高激发性、中间弱激发性构成的三明治形状的介质上形成的凹波相似[55,112]。

除了程函关系，一个严格沿着圆形轨迹旋转的 IRS 的 K 和 c_n 以及切向速度 c_τ 还要满足下面的运动学方程：

$$\frac{dc_n}{dt} = \omega + Kc_\tau \tag{4.6}$$

$$\frac{dc_\tau}{dt} = -Kc_n \tag{4.7}$$

其中 ω 是旋转频率，s 是沿着波前展开的弧长。上面的运动学方程已经被成功地运用在了均匀系统中螺旋波很多方面的研究上[39,60]。但是对于非均匀介质，特别是本章中所讲的内盘外环的盘形介质，还需要进一步的研究。尽管我们缺乏足够的手段来进行严格的理论分析，但是我们仍然可以尝试着从色散关系出发来解释 IRS 存在的原理。

色散关系很早就被用来论证在振荡态中向内传播的螺旋波的存在机理：如相关研究[73,94]中所讲，对于振荡态中 IRS 存在的必要条件是在处于特征波数 k_0 时色散项 $d\omega/dk$ 是负的。从这一点出发，我们研究了非均匀介质的参数在一维可激发介质中的色散关系的情况，以期找寻到 IRS 存在的必要条件。

第 4 章 不均匀激发介质中向内传播的螺旋波

色散关系我们使用相关研究[111]中提到的方法来获得:选取一个一维的环形介质,参数 δ 的值相同,环的长度为 $2\pi R$。缓慢减小环的长度,直到低于某一阈值时不再有激发波能够稳定存在于环上。在本章盘状不均匀介质的情况下,我们把内盘和外环介质的两个色散关系都标示在图 4.11 上,使用和图 4.5 相同的参数,$\delta_{\text{ring}} = -1.42$(细实线)和 $\delta_{\text{disk}} = -1.63$(短划线)。

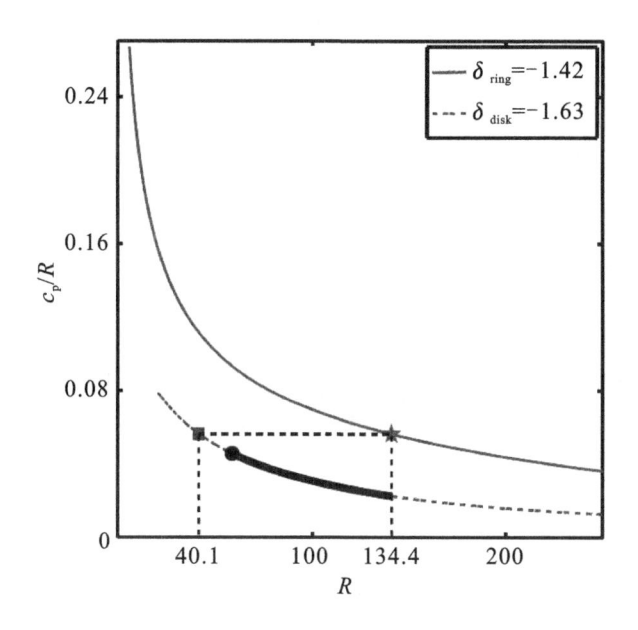

图 4.11 由色散关系给出的核心半径

对于一个严格旋转(端点轨迹为圆形的) IRS 来讲,波上每个点都有自己的运动轨迹,并相互构成同心圆,如图 4.12 所示。现在,我们对照和这些同心圆具有相同周长的一维环形介质的色散关系。本章中盘状介质的外环周长固定为 134.4(单位空间长度)。因此,外环上的 $\dfrac{c_p}{R}$ 是 0.054(如图 4.11 中的星号所

图 4.12 同心圆

标示)。我们也把内盘上各点$\frac{c_p}{R}$的值按照各自的同心圆半径 R，以粗实线标示在了图 4.11 上。

在图 4.11 上，我们从星号出发，画了一条横线（短划线），交内盘上各点组成的色散关系曲线于一点，我们以方块标示。方块横坐标的值我们定义为色散关系给出的核心半径。图 4.11 表明，色散关系上所有内盘上的点所具有的$\frac{c_p}{R}$都小于外环上点$\frac{c_p}{R}$的值。换句话讲，对于稳定的 IRS 来说，所有内盘区域上点的同心圆半径（粗实线），都大于色散关系给出的核心半径（方块）。我们认为这是形成 IRS 的必要条件之一。

上面所讲的必要条件满足于图 4.6 中所有存在 IRS 的区域。图 4.13 支持了我们的观点：所有存在 IRS 的区域上的最小核心半径都大于对应的色散关系给出的核心半径，交界面在 $\delta_{disk} = -1.625$ 处。这正是图 4.6 中 IRS 和中间态斑图的分界，此时色散关系给出的核心半径正好和最小半径相等，如图 4.14 所示。

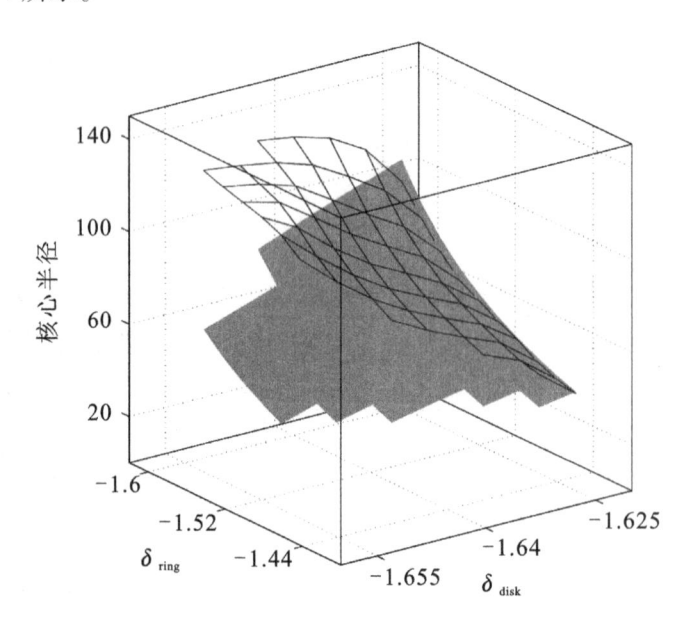

图 4.13　色散核心半径和最小核心半径

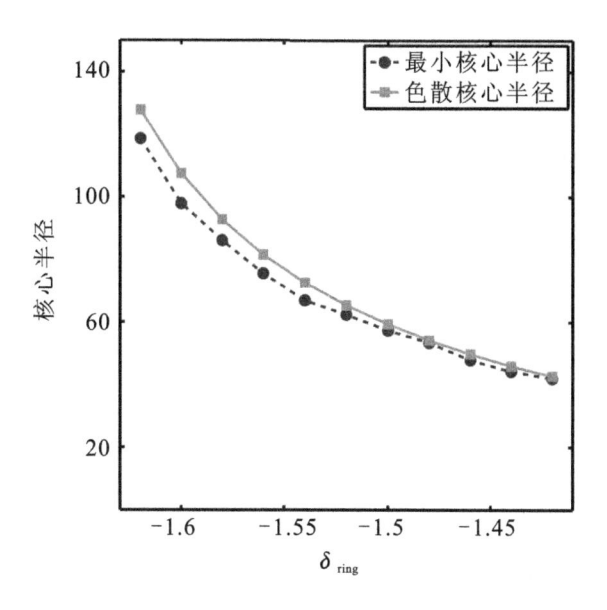

图 4.14　$\delta_{disk} = -1.625$ 时的色散核心半径和最小核心半径

4.4　小结

在本章中,我们在一个盘状不均匀的可激发介质中,首次发现了向内传播的螺旋波(IRS)。IRS 以及其他斑图的存在,是因为介质的特性和其不均匀性共同作用的结果。我们使用色散关系给出了 IRS 存在的一个必要条件:色散关系给出的核心半径要小于最小核心半径;中间态斑图是向内和向外传播的螺旋波的中间过程,此时色散关系给出的核心半径近似等于最小核心半径。我们在巴克利模型中也验证性地发现了 IRS 的存在,说明 IRS 的存在和模型是无关的,因此预期可以在更多的可激发系统中观察到 IRS 的出现。

本章中的盘状不均匀可激发介质的设定和医学界对于心律不齐的解释——首要环模型(leading circle model)很相似:外环部分对应于首要环;内盘部分就像被首要环从外到内依次激发起来的内部区域。首要环模型中的激发区和不应期的解释,不太适合于解释为何在实际情况中,尽管内部的中心是可激发的,而不是处于不应期的状态,但周边的激发波却并未将其激发起来[113-114]。而本章图4.9中的IRS内部区域是可激发的,但是由于最小核心半径的原因,未被激发起来,这合理地解释了上述实际情况。

最后,鉴于心脏系统多是不均匀的特性[104-105],我们希望IRS能够在心脏系统中被观察到。同时我们相信,IRS也能够很容易在BZ反应[107]和CO氧化Pt(110)[108]中被实现。

第 5 章 波段在条状不均匀可激发介质中的运动

5.1 引言

很多物理、生物和化学系统中的主动式分布系统(active distributed system)都可被看作是可激发系统,因为他们都能够支持一个不会随传播而衰减的激发波[8,55,115-116]。尽管从理论研究角度出发,在均匀介质上研究激发波的动力学行为十分必要。但是不均匀介质上的情况因其表现出诸多不同于均匀介质的现象,而越发地被视为另一类基本问题,从而获得了更广泛的关注。事实上,从理论的角度出发,很多工作[54,108,117-118]都着眼于阐释非均匀性对于激发波动力学行为的影响,甚至因此影响而产生的新现象。当然,非均匀性更是真实系统内禀的特性。比如在心脏病学中,非均匀性正是导致正常心电信号破碎,从而诱发心律不齐的主要因素之一[20,24]。反过来,如图 5.1 所示,介质的非均匀性也可被利用来治疗心律不齐[19,119]。

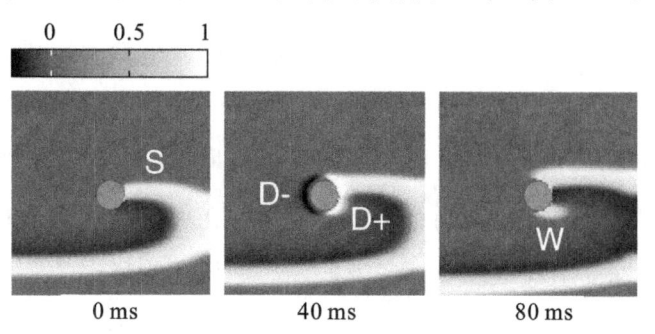

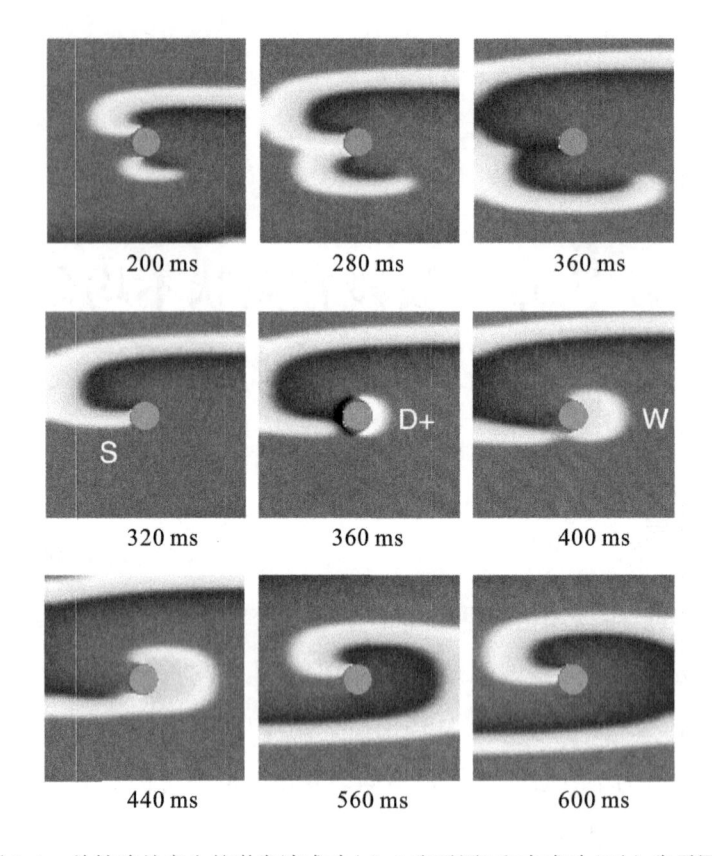

200 ms　　280 ms　　360 ms

320 ms　　360 ms　　400 ms

440 ms　　560 ms　　600 ms

图 5.1　从缺陷处产生的激发波成功(上六张子图)和未成功(下六张子图)赶走引起心律不齐的钉扎螺旋波[120]

同时,有研究提出了人工构建的非均匀可激发介质,并以此结构化的可激发介质来进行信号处理[121-123],如图 5.2 所示。

在本章中,我们从理论上分析了激发波在一个相对简单的空间非均匀介质上的传播特性。我们将一个激发性较弱的无限长的条状介质,放在另一个激发性较强的无限长的条状介质之下,拼成了一个形似"彩条"的非均匀可激发介质。因为激发性在两个介质上有所不同,所以激发波在两个介质上的传播速度也有所不同。相似的情景已在前人的工作中有所讨论,特别是因传播速度不均可以导致激发波随时间演化为稳定的弯曲波形,并以一个统一的速度向前传播[124]。同时,我们还可以利用这一特性来抑制激发波的破碎。

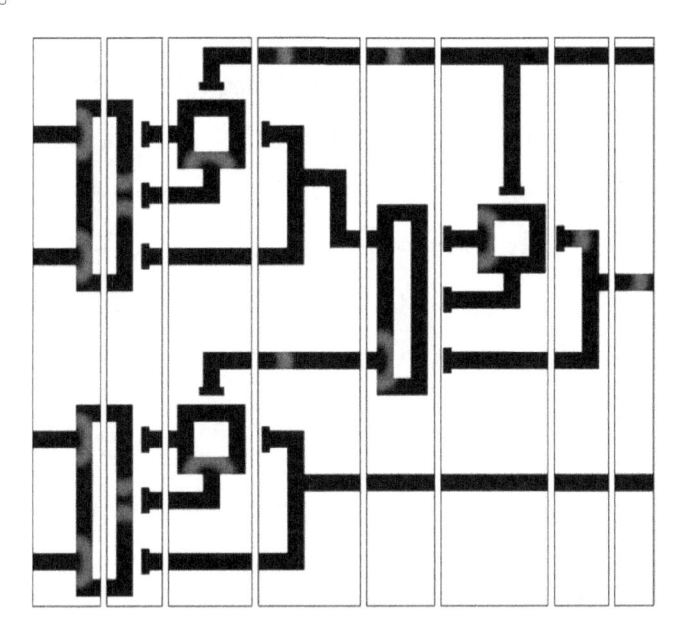

图 5.2　由人工构造的非均匀可激发系统建立的加法器[123]

但是,在本章的"彩条"状非均匀介质上,我们还观察到了一些未被发现的新现象:如果激发波初始是在一个条形介质中被激发的,在一定参数下,无法传播到另一个原本可以被激发的条形介质内;在非均匀介质中稳定态激发波的形状和其初始激发的方式高度相关。我们尝试使用了"自由边界法"(free boundary approach)来从理论上解释上述现象。

本章首先介绍了我们用来进行数值模拟的模型和基于此模型得到的数值模拟的结果。接着我们使用"自由边界法"来解释上述结果。最后我们尝试讨论了上面提到的,在两个可激发介质的交界面上发生的新奇有趣的阻断现象。

5.2　数值模拟模型

激发波在可激发介质中传播的很多基本特性,都可以通过一个通用的两变量反应扩散模型来加以分析:

$$\frac{\partial u}{\partial t} = D\nabla^2 u + f(u,v), \frac{\partial u}{\partial v} = \epsilon g(u,v) \tag{5.1}$$

其中变量 u 和 v 代表传播子(propagator)和控制子(controller)。通常零线 $f(u,v)=0$ 是一个非单调的函数，这样就能支持传播无衰减的激发波。另一个零线 $g(u,v)=0$ 是一个单调函数，并和 $f(u,v)=0$ 相交在 (u_0,v_0)，如图5.3所示。对于函数 $f(u,v)$ 和 $g(u,v)$ 的具体形式，我们使用了常见的 FHN 模型[59,109,125]

$$f(u,v) = A(3u - u^3 - v), g(u,v) = u - \delta \tag{5.2}$$

其中参数 δ 决定了静息态 $(u_0,v_0) = (\delta, 3\delta - \delta^3)$。

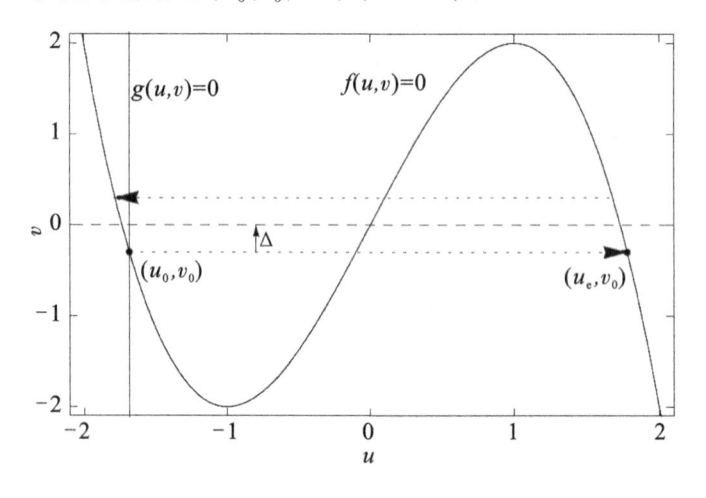

图5.3 u 和 v 的相图

当 $\epsilon = 0$ 时，由公式(5.1)和(5.2)组成的反应扩散系统就变为一个双稳介质(bistable medium)。因为此时 (u_e,v_0) 是系统的另一个稳定解，其中 u_e 是 $f(u,v_0)=0$ 时最大的那个解。双稳系统可以支持单独一个波峰稳定传播，相比于具有波峰和波背的可激发系统中的激发波来讲，在波峰前后，介质从静息态 (u_0,v_0) 快速跳转到另一个稳定态 (u_e,v_0)[116]。一个平面波波峰的速度就取决于控制子 v_0 的值，并且当 $v_0 = v^*$ 时速度为零。另一方面，只有当 $\Delta = v^* - v_0 < \Delta_c$ 时，才能有稳定传播的波。如果 $\Delta \ll \Delta_c$，波速 c_p 正比于 Δ，并可以表示为

$$c_p(v_0) = \alpha \sqrt{AD\Delta} \qquad (5.3)$$

其中参数 α、v^* 和 Δ_c 由函数 $f(u,v)$ 决定。对于公式(5.2)给出的 $f(u,v)$ 的具体形式而言，$\alpha = 1/\sqrt{2}$，$v^* = 0$ 以及 $\Delta_c = 2$。

如果 $0 < \epsilon \ll 1$，则系统只有单一稳定解，即静息态 (u_0, v_0)。但如果有一个超过一定阈值的扰动，系统就会被从 (u_0, v_0) 快速激发到 (u_e, v_0) 的附近，我们称其为波峰。接着系统会沿着 $f(u,v) = 0$ 的右支缓慢上升，我们称其为激发态。随后经过一个快速跃变到了 $f(u,v) = 0$ 的左支，我们称其为波背，并沿着 $f(u,v) = 0$ 的左支缓慢下降，最终回复到静息态 (u_0, v_0)，我们称其为恢复期(recovery process)。整个过程如图 5.3 所示，两条点线分别表示波前和波背，短划线表示 $v_0 = v^*$。在一个条状的均匀介质下，一个平面波由一个波前和一个波背构成，两者之间没有相交点。

5.3 "彩条"状非均匀介质上的数值模拟结果

首先，我们在"彩条"状非均匀介质的左侧，激发了一条平面波，如图 5.4(a)所示。短划线上面部分的参数值 $A_l = 1$，下面部分的参数值 $A_h = 2$。这使得上面部分的激发性弱于下面。所以随着时间的演化，传播速度上面比下面慢。这样上面的激发波就会被下面的激发波拖成"凹形"的弯曲波。根据程函关系 $c_n = c_p - DK$，凹形波的曲率为负的，这样就使得凹形波的真实传播速度 c_n 大于其自身平面波的速度 c_p。通过这样的加速，上面的激发波就会跟上下面速度较快的波。最终两部分的激发波速度一致，就保持这样的弯曲形状向前传播，如图 5.4(b)所示。相似的情况，在其他研究中也有发现[124]。

但是，如果我们将初始激发的波改为一个截断的平面波，如图 5.5(a)所示。因为截断的关系，就会创造出来一个相变点(phase change point)，即从波前的相变为波背的相，并且该相变点因为随后我们将解释的机理，导致其能够稳定地存在。最终形成了如图 5.5(b)所示的波形，我们称其为波段(wave segment)。这种波段形状的激发波在均匀介质中曾引起过广泛的兴趣[125-127]。

(a) 初始激发的平面波　　　　(b) 稳定传播的弯曲波

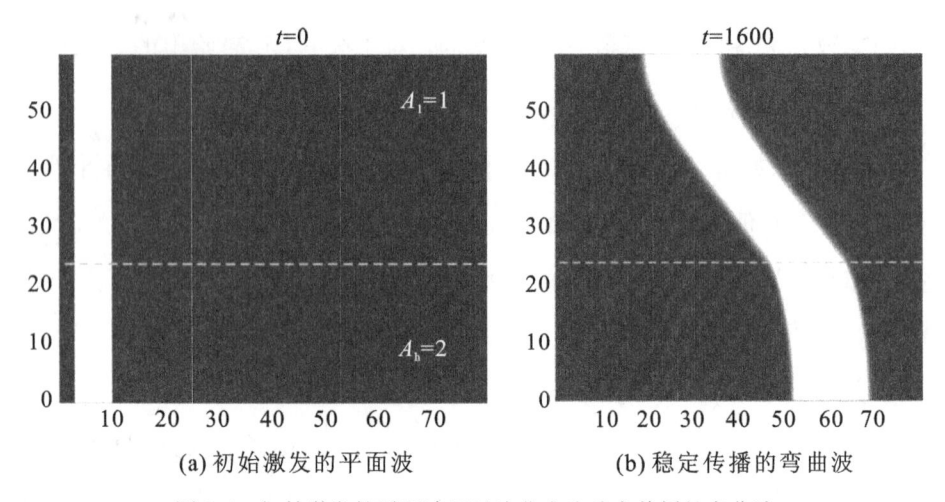

图 5.4　初始激发的平面波经过演化变为稳定传播的弯曲波

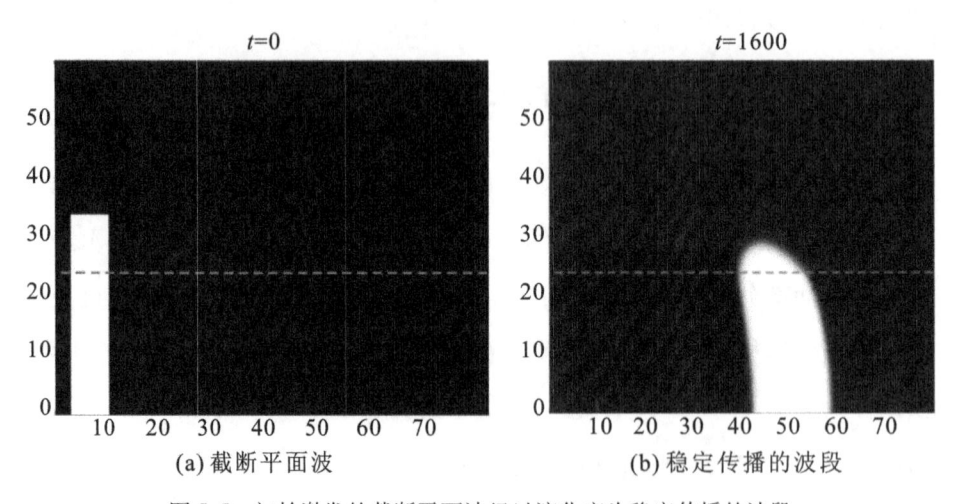

(a) 截断平面波　　　　(b) 稳定传播的波段

图 5.5　初始激发的截断平面波经过演化变为稳定传播的波段

从上述两个模拟结果来看,在非均匀介质上,不同的初始激发状态,会导致不同的最终稳定态。这种和初始状态高度相关的特性在可激发系统中相当罕见。

产生波段的初始条件并不依赖于截断的位置,不同初始相变点的位置会随着时间的演化,最终趋近到稳定态的位置上去。即稳定态的位置不依赖于初始截断的位置,但是却高度依赖于介质的参数和下面部分的宽度 w_b。

例如，如果参数 $\epsilon = 0.005$，如图 5.6(a)所示，波段的长度就要比图 5.5(b)中短得多，甚至只有很小的一段处在介质的上半部分。如果我们继续减小激发性，即增加参数至 $\epsilon = 0.006$，介质就无法支持稳定的波段，所以初始激发的截断平面波就会慢慢收缩，如图 5.6(b)所示。

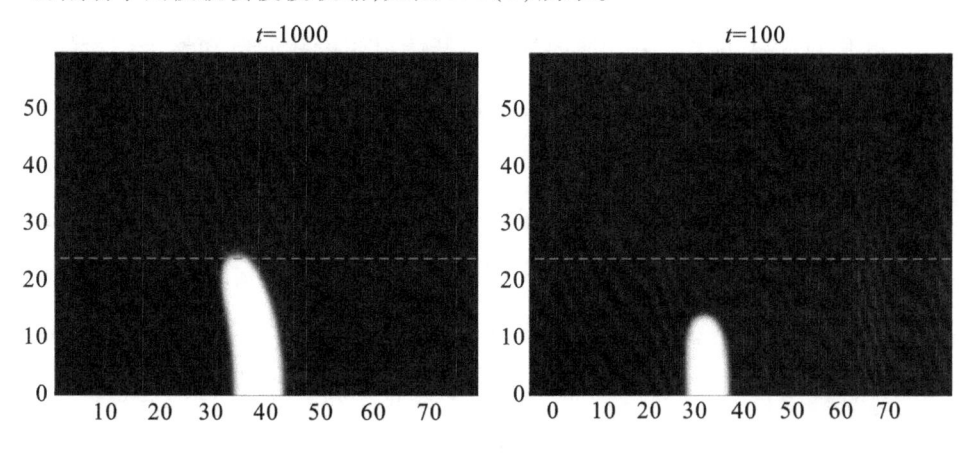

(a)当 $\epsilon = 0.005$ 时获得的稳定态波段　　(b)当 $\epsilon = 0.006$ 时初始激发的截断平面波慢慢收缩

图 5.6　不同介质参数下得到的波段

5.4　自由边界法

为了分析使用反应扩散系统(5.1)和(5.2)得到的数值模拟结果，我们使用了自由边界法。首先，我们假设波前和波背的厚度相对于激发区来讲可以忽略。因此波段的形状可以完全由激发区的边界，也就是当作细线来看待的波前和波背来界定。我们把任意时刻传播子的等高线 $u(x,y,t) = (u_e + u_0)/2$ 作为激发区的边界。然后，以相变点 q 为原点，沿着激发区的边界建立自然坐标系，其弧长为 s，波前方向 $s > 0$，波背 $s < 0$。

接着，我们使用前面提到过的线性程函关系来确定波段上给定位置的激发波的法向传播速度

$$c_n(s) = c_p(s) - DK(s) \tag{5.4}$$

其中 $K(s)$ 是曲率，平面波速度 $c_p(s)$ 根据公式(5.3)可得 $c_p(s) = c_p(v^\pm(s)) = \alpha \sqrt{AD}(v^* - v^\pm)$ [55-56,59,63,109]。从图 5.5 可以看出，在相变点，波前和波背

相融在一起,此时法向速度 $c_n(s=0)$ 为零,而切向速度 $c_\tau(s=0)$ 等于整个波段平移的速度 c_t。从简单的几何关系可以看出

$$c_p(v^{\pm}) - DK^{\pm} = c_t\cos(\Theta^{\pm}) \tag{5.5}$$

其中 + 和 - 分别指代波前和波背,Θ 是 x 轴和法向方向的夹角。

我们首先从上半部分介质内的波段开始。假设我们已知整个波段的平移速度为 c_t。因为我们选取了无穷长的"彩条"状介质,所以波段之前的都是处于静息态的介质,波前处控制子 v 的值为 $v^+ = v_0$。因此公式(5.5)中的 $c_p(v^+) = c_p(v_0) \equiv c_0$。当然,波背处的控制子不再是常量。根据公式(5.1)和(5.2),v 沿着传播方向的空间梯度项为 $\partial v/\partial x = -\epsilon G(u_e(v),v)/c_t$。在我们之前的假设前提 $\Delta \ll \Delta_c$ 下,在激发区内 $G(u_e(v),v) \approx G(u_e(v^*),v) \equiv G^*$,即梯度项右边近似为一个常数。所以波背处的 v 值可以表示为

$$v^- = v_0 + \frac{G^*\epsilon}{c_t}(x_1^+ - x_1^-) \tag{5.6}$$

其中 x_1^+ 和 x_1^- 表示介质上半部分同一高度 y_1 处波前和波背 x 方向上的位置。

接着,因为 $k^{\pm} = -\mathrm{d}\Theta_1^{\pm}/\mathrm{d}s$,所以公式(5.5)可以化为对夹角 $\Theta_1^{\pm}$ 的全微分方程。在波前为

$$D\frac{\mathrm{d}\Theta_1^+}{\mathrm{d}s} = c_t\cos(\Theta_1^+) - c_0 \tag{5.7}$$

在波背为

$$D\frac{\mathrm{d}\Theta_1^-}{\mathrm{d}s} = \frac{G^*\epsilon\alpha\sqrt{D}(x_1^+ - x_1^-)}{c_t} - c_0 + c_t\cos(\Theta_1^-) \tag{5.8}$$

再考虑到几何关系 $\mathrm{d}y_1^{\pm}/\mathrm{d}s = -\cos(\Theta_1^{\pm})$ 和 $\mathrm{d}x_1^{\pm}/\mathrm{d}s = \sin(\Theta_1^{\pm})$,公式(5.7)和(5.8)就可以决定波段在介质上半部分的形状:我们可以从相变点处开始。

相变点处 $\Theta_1^+(0) = \Theta_1^-(0) = \pi/2, x_1^+(0) = x_1^-(0) = x_0, y_1^+(0) = y_1^-(0) = y_0$。其中 x_0 和 y_0 可以任意选取,为了简便起见,我们选择 $x_0 = y_0 = 0$。

为了分析方便,我们用 c_0 将涉及的变量无量纲化,即 $C_t = c_t/c_0, S = $

$c_0 s/D$，$X=c_0 x/D$ 以及 $Y=c_0 y/D$。经过无量纲化，公式(5.7)变为

$$\frac{\mathrm{d}\Theta_1^+}{\mathrm{d}S} = C_t \cos(\Theta_1^+) - 1 \tag{5.9}$$

公式(5.8)变为

$$\frac{\mathrm{d}\Theta_1^-}{\mathrm{d}S} = \frac{B(X_1^+ - X_1^-)}{C_t} - 1 + C_t \cos(\Theta_1^-) \tag{5.10}$$

其中

$$B = \frac{G^* \epsilon}{\alpha^2 \Delta^3} \tag{5.11}$$

经过上述无量纲化后，我们可以看到，因为在相变点处的情况我们已经知道，那么整个波段的解其实依赖于参数 B。对于给定的反应扩散系统 (5.1)(5.2)和给定的 $\Delta=0.3$，参数 B 只正比于参数 ϵ。

相关研究[59]给出了和可激发性相关的参数 B 的临界值

$$B_{\mathrm{rf}} = 0.535 + 0.63(C_t - 1) \tag{5.12}$$

当 $B=B_{\mathrm{rf}}$ 时，公式(5.7)和(5.8)的解对应于收缩的"手指"形激发波 (retracting finger)。其他参数固定为 $c_0=0.212, c_t=0.285, D=1$。在这种情况下，远离相变点处的波前和波背彼此近似平行，如图5.8(a)所示。Θ 从相变点处的 $\pi/2$ 逐渐变为 $\arccos(1/C_t)$。当 $B<B_{\mathrm{rf}}$ 时，公式(5.7)和(5.8)的解给出的是，远离相变点处的波背逐渐靠近波前的收拢的"手指"形激发波，如图5.7(b)所示。当时，公式(5.7)和(5.8)的解给出的是，远离相变点处的波前和波背彼此分开的"手指"形激发波，如图5.7(c)所示。

为了得到正确的上半部分波段的解，公式(5.7)和(5.8)应该从相变点处开始积分，直到上下两半部分的边界，设此时 $s=s_j$。s_j 的值要在随后通过不断调整，直到我们得到的解满足上下两半部分的边界条件。上下两半部分边界处的波前的直角坐标可以表示为 $x_1^+(s_j)$ 和 $y_1^+(s_j)$，而波背的为 $x_1^-(s_j^-)$ 和 $y_1^-(s_j^-)$，其中 s_j^- 由 $y_1^-(s_j^-)=y_1^+(s_j)$。

(a) $B = B_{rf} = 0.755611$

(b) $B = 0.755581 < B_{rf}$

(c) $B = 0.755631 > B_{rf}$

(d) $c_h = 0.3, c_t = 0.285, \Theta_h^+ = \dfrac{\pi}{2}$

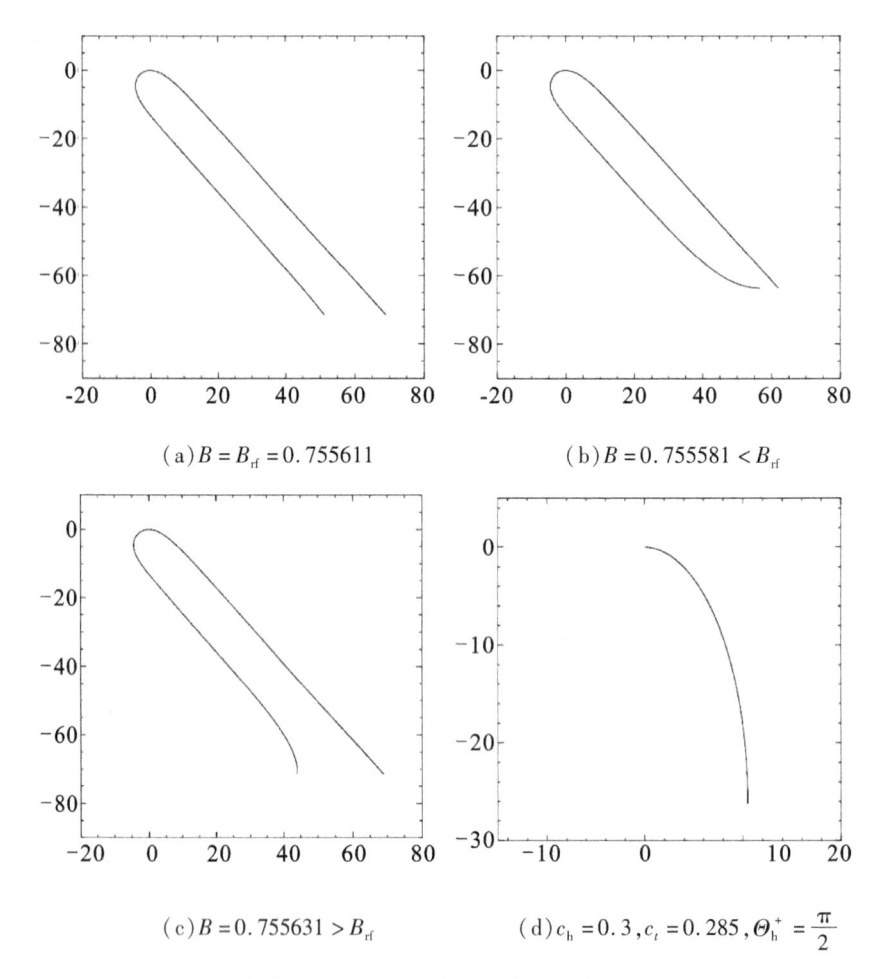

图 5.7 公式 (5.7) 和 (5.8) 在不同参数取值时的螺旋波解

下一步,我们将积分延伸到介质下半部分。而下半部分中,平面波速度要高于上半部分平面波速度 c_0。我们注意到下半部分波前和波背也应遵守和公式 (5.7)(5.8) 相似的约束,即在波前为

$$D \frac{d\Theta_h^+}{ds} = c_t \cos(\Theta_h^+) - c_h \qquad (5.13)$$

在波背为

$$D \frac{d\Theta_h^-}{ds} = \frac{G^* \epsilon \alpha \sqrt{D}(x_h^+ - x_h^-)}{c_t} - c_h + c_t \cos(\Theta_h^-) \qquad (5.14)$$

第 5 章　波段在条状不均匀可激发介质中的运动

但是与公式(5.7)和(5.8)的不同在于,下半部分平面波速度 c_h 要大于波段的平移速度 c_t。因此,由公式(5.13)给出的波前的形状,也就和公式(5.7)很不一样。如图 5.7(d)所示,$c_h = 0.3$,$c_t = 0.285$ 以及 $\Theta_h^+ = \dfrac{\pi}{2}$ 时的螺旋波解。这个形状和相关研究[125]中得到的结果类似。值得注意的是,Θ 从 $\pi/2$ 变为了 0。这样的变化范围要大于 $B = B_{rf}$ 的情景(从 $\pi/2$ 逐渐变为 $\arccos(1/C_t)$。因此对于任意 s_j,我们总是能够以边界条件 $\Theta_h^+(s_j) = \Theta_l^+(s_j)$ 出发,得到一个符合要求的下半部分的解。需要强调的是,边界处的直角坐标也要满足上下两部分的波前和波背的连续条件 $x_h^\pm(s_j^\pm) = x_l^\pm(s_j^\pm)$ 和 $y_h^\pm(s_j^\pm) = y_l^\pm(s_j^\pm)$。

下半部分的积分要延续到某处 $s = s_b$,此处满足 $\Theta_h^+(s_b) = 0$ 的要求。这样一个点总是可以得到的。很明显,这个角度 $\Theta_h^+(s_b) = 0$ 对应于介质的零流边界的要求。同时,波背也要在相同的位置 $y_h^-(s_b^-) = y_h^+(s_b)$ 处,满足零流边界。所以公式(5.14)的解,就可以通过下半部分起点处的 $\Theta_h^-(s_j^-) = \Theta_l^-(s_j^-)$ 和下半部分波前的形状来决定。我们的计算显示,如果 s_j 太小,$\Theta_h^-(s_b^-) < \pi$;而如果 s_j 太大,$\Theta_h^-(s_b^-) > \pi$。通过试错法(try and error method),我们可以最终得到正确的 s_j 值。

通过上面的自由边界法,我们最终可以得到由反应扩散系统(5.1)和(5.2)模拟得到的波段的解,并给出上下两部分分界位置 s_j 的值。我们在图 5.8 中给出在参数为 $\Delta = 0.3$,$\epsilon = 0.002992$ 下波段的解。根据公式(5.3),因为 $\Delta = 0.3$ 和 $A_l = 1$,所以上半部分介质的平面波速度为 $c_0 = 0.212$;下半部分 $\Delta = 0.3$ 和 $A_h = 2$,平面波速度为 $c_h = 0.3$。根据公式(5.11),因为 $\Delta = 0.3$ 和 $\epsilon = 0.002992$,所以上半部分 $B = 0.756086$。波段的平移速度为 $c_t = 0.285$。波段上半部分的长度为 $w = y(0) - y(s_j) = 12.628$,下半部分的长度为 $w_b = y(s_j) - y(s_b) = 23.9$。

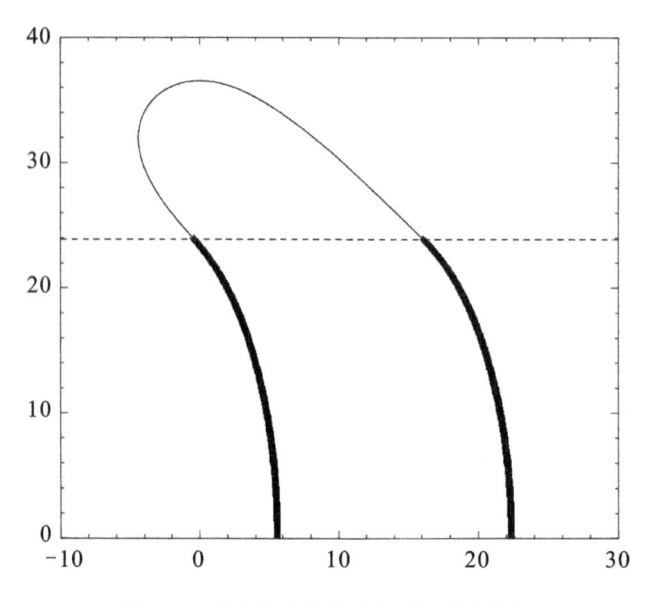

图 5.8　通过自由边界法得到的波段的解

5.5　自由边界法解的存在范围

图 5.8 中自由边界法的解是在 $B>B_{rf}$ 下得到的,对应于图 5.7(c)的情景。根据公式(5.11),参数 B 会随着参数 ϵ 的减小而减小。但是参数 ϵ 的减小,不会显著地改变波的传播速度,而上半部分波段的长度 w 会因此单调增加。当 $B \to B_{rf}$ 时,w 增加到无穷大。在这种极限情况下,上半部分的波段形状会趋近于图 5.7(a)中收缩的"手指"形激发波,它正是 $w \to \infty$ 的情况[59]。这种情况要求"彩条"状介质的上半部分宽度要无穷大才行,否则无限长的波段在未达到稳定态前,就会碰到介质上的零流边界,最终形成如图 5.4(b)所示的弯曲波。我们把通过自由边界法得到的 w 和 ϵ 的依赖关系用实线标示在图 5.9 中,可以看出随着 ϵ 减小到一定阈值,对应于 B_{rf}、w 会发散。

数值模拟的结果还表明,w 会在 ϵ 减小到一定阈值时发散。同时,在数值模拟中,所有 $B<B_{rf}$ 的初始条件都会得到图 5.4(b)中弯曲波的结果。

在自由边界法中,当 $B<B_{rf}$ 时,同样也无法得到满足要求的解。因为当

$B < B_{rf}$ 时,波段上半部分的解总是得到图 5.7(b) 中收拢的"手指"形激发波。尽管从这样的解出发,我们仍然可继续积分得到满足零流边界条件的波前的解,但是对于波背,我们却无法获得同样满足零流边界的解。

我们也注意到,自由边界法的结果(图 5.9 中实线)和数值模拟的结果(图 5.9 中短划线)有些差异。这是因为我们在自由边界法中,按照假设 $\epsilon \ll 1$ 和 $\Delta \ll 1$,所以参数 $\alpha = 1/\sqrt{2}$。但事实上,参数 α 的精确值可以由数值模拟得到,为 $\alpha = 0.943/\sqrt{2}$。使用参数 α 的精确值,我们得到的修正后的自由边界法的解,以点线标识在图 5.9 中。可以看到,修正后的自由边界法的解和数值模拟得到的解吻合得很好。

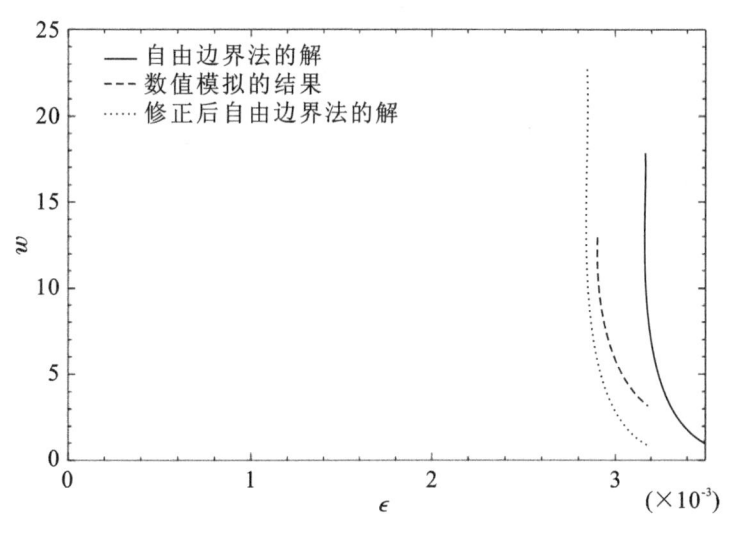

图 5.9　w 和 ϵ 的依赖关系

波段存在的范围,除了被 ϵ 有所限定,平移速度 c_t 也会有所影响。我们在图 5.10 举了两个例子。从中可以看出 c_t 越小,得到的波前在下边界处的曲率越大,下半部分波段的长度 w_b 也越小,上半部分波段的长度 w 也越小。图 5.10(b) 表明,当 $c_t = c_{tm}$ 的极限时,w 趋近于 0。如果 $c_t < c_{tm}$,自由边界法就无法得到解。也就是说 $c_t < c_{tm}$ 时,没有稳定存在的波段。

(a) $c_t=0.275$

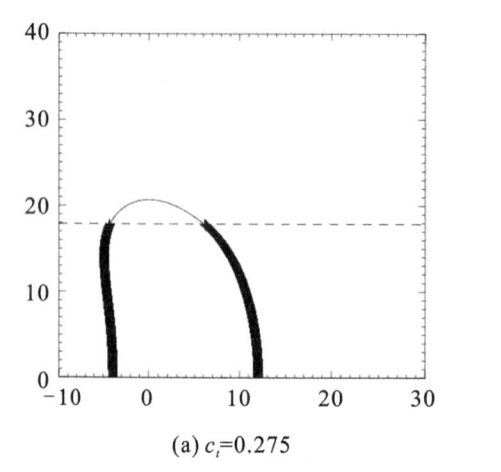

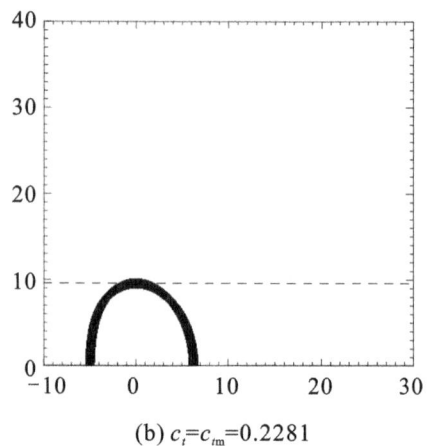

(b) $c_t=c_{tm}=0.2281$

图 5.10 不同平移速度下的波段存在范围

需要指出的是,当 $c_t = c_{tm}$ 的极限时,得到的如图 5.10(b)所示的波段和均匀介质中得到的波段相似[127]。而在均匀介质中,波段的长度是由参数 B 决定的。因此我们定义下半部分介质中

$$B_b = \frac{G^* \epsilon}{A\alpha^2 \Delta^3} \tag{5.15}$$

这样我们就可以参考相关研究[127]中的计算公式来决定"彩条"状介质下半部分的最小宽度

$$c_t/c_h = \sqrt{B_b + (1 - 0.535)\left(\frac{B_b}{0.535}\right)^n} \tag{5.16}$$

其中 $n = 2.502$。公式(5.16)的结果对应于图 5.11 中左侧的点线。

相比于相关研究[124]中讲到,无论传播速度高的那一部分介质的宽度有多窄,都会形成弯曲波。在我们"彩条"状介质中,波段的形成要求 w_b 不能低于一定的阈值。

如果在自由边界法中,其他参数固定,波段解的存在范围就由平移速度 c_t 来决定,如图 5.11 所示。在左侧点线处,上半部分波段的长度 w 变为 0,对应的波形为图 5.10(b)的样子。在右侧点线处,上半部分波段的长度 w 会发散。这两条点线中间,就是我们使用自由边界法得到的 w_b 和 c_t 的依赖

关系图,在图 5.11 以由"+"点缀的粗实线表明。

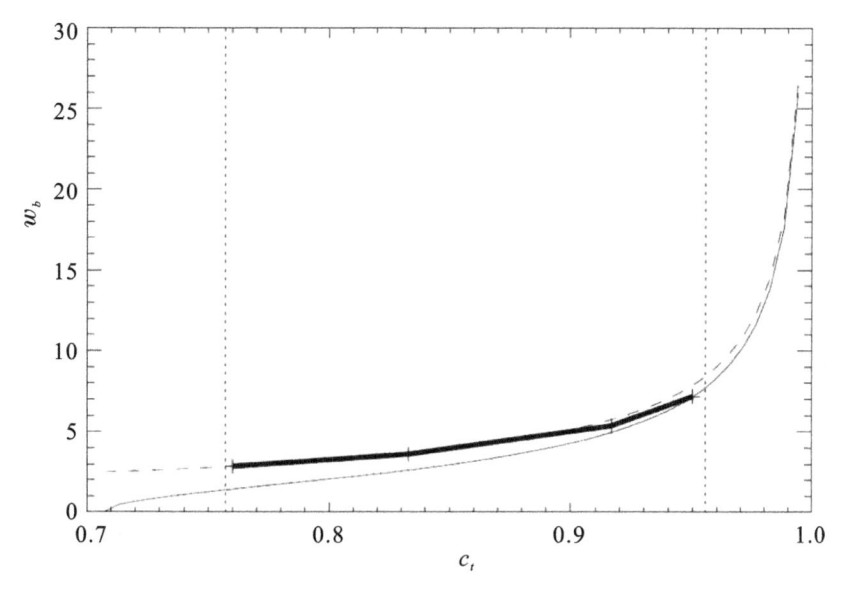

图 5.11 w_b 和 c_t 的依赖关系图

5.6 由 c_t 决定的波段解的两个临界情况

从上面的分析我们可以看出,对于给定的参数 c_0、c_h 和 c_t,只要它们满足 $c_0 < c_t < c_h$,我们就能得到一个波段的解。这个解同时也给出了下半部分波段的长度 w_b。因此,除了参数 B,波段的解 w_b 还应由 c_0、c_h 和 c_t 三者间的关系来决定。

一个临界情况,如图 5.4 中弯曲波的形式。正如相关研究[124]中所讲,如果是上半部分无限宽的情况,在两个介质交界面的地方,法向方向和 x 轴的夹角趋于

$$\Theta_1^+(s_j) = \arccos(c_0/c_t) \tag{5.17}$$

同时,公式(5.13)的解可以写为

$$\frac{y_h^+}{D} = -\frac{\Theta_h^+}{c_t} + \frac{2c_h}{c_t \sqrt{c_h^2 - c_t^2}} \arctan \frac{(c_h + c_t)\tan\frac{\Theta_h^+}{2}}{\sqrt{c_h^2 - c_t^2}} \tag{5.18}$$

因为 $w_b = y_h^+(\Theta_1^+(s_j)) - y_h^+(0)$,所以将公式(5.17)代入公式(5.18),就能得到

$$\frac{w_b}{D} = -\frac{\arccos(c_0/c_t)}{c_t} + \frac{2c_h}{c_t\sqrt{c_h^2 - c_t^2}}\arctan\frac{(c_h + c_t)\tan\frac{\arccos(c_0/c_t)}{2}}{\sqrt{c_h^2 - c_t^2}}$$

(5.19)

该式的解在图 5.11 中对应于细实线。从该式可以看出,因为 $c_h/c_0 = \sqrt{2}$,所以 w_b 由 c_t/c_h 来决定。当 w 趋近于无穷大时,波段下半部分的长度 w_b 由此式决定。

另一个临界情况,是波段在上半部分的长度几乎为 0 的解,参见图 5.10(b)的情况。对于这种情况,我们可以在保证 $\Theta_1^+(s_j) = \pi/2$ 的前提下,使用自由边界法,得到的结果为

$$\frac{w_b}{D} = -\frac{\pi}{2c_t} + \frac{2c_h}{c_t\sqrt{c_h^2 - c_t^2}}\arctan\sqrt{\frac{c_h + c_t}{c_h - c_t}} \qquad (5.20)$$

该式的结果在图 5.11 中对应于短划线。

从图 5.11 中我们可以看到,正确的波段的解(由"+"点缀的粗实线),存在两种临界之间:w 无穷长的弯曲波(细实线)和 w 无穷短的波段(短划线)。

5.7 阻断现象

在本章的开头,我们提到了为了得到波段只要在初始时激发一个截断的平面波就行,至于截断的位置则不太重要。即便我们的截断发生在下半部分,导致初始时的激发波只存在于下半部分,也会因为激发波可以激发周围可激发介质的性质,使得下半部分的激发波传播进上半部分。只要开始的平面波不太短,就不会导致其自行收缩,如图 5.5(b)所示的情形。

激发波可以扩散的特性本应是很普遍的。所以我们也试着让初始的激

发波波段由上半部分开始,穿过交接面,传播到下半部分,如图5.12(a)所示,最终形成如图5.4(b)所示的弯曲波。这样的情况发生在 $A_h < 1.4$ 时。

但是如果决定下半部分传播波速的参数 A_h 达到 1.6 时,来自上半部分的激发波就会无法穿过交界面而激发下半部分的可激发介质,如图 5.12(b)所示。这样的阻断现象很罕见。常见的阻断现象发生在从可激发介质向不可激发介质传播的过程中[118]。但是我们观察到的则很不同,因为下半部分介质不单可以支持稳定传播的激发波,而且激发波的传播速度比上半部分更快,即激发性相比上半部分更强。

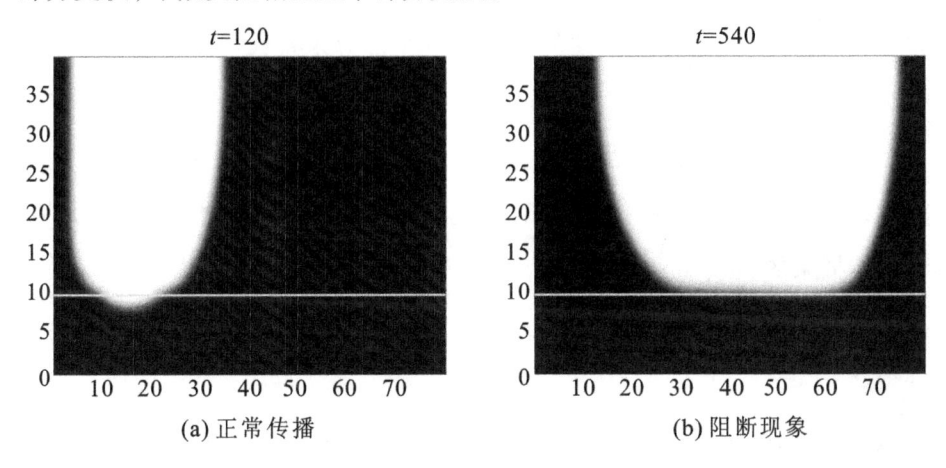

(a) 正常传播　　　　　　　(b) 阻断现象

图 5.12　正常传播与阻断现象

我们在一维的非均匀介质中重复观察到了这样罕见的阻断现象。和上面提到的二维的区别,仅在于控制正常传播和阻断现象的参数 A_h 的临界值不同。

为了解释这种阻断现象,我们仔细观察了图 5.12(b)中的过程。我们注意到,当阻断发生时,激发波阻断在交界面上的部分相比正常激发波而言,过于平整了。这种平头波段的情况通常发生在被动性介质(passive media)的边界上。被动性介质也可使用公式(5.1)给出的反应扩散系统来描述,但是其中的反应项要改为如下形式

$$f(u,v) = A_h[3(u-u_0)-(v-v_0)], g(u,v) = u-\delta \qquad (5.21)$$

如果我们使用(5.1)和(5.2)来构建"彩条"状介质的上半部分,使用(5.1)和(5.21)构建下半部分,两者的稳定态仍然保持一致。很明显,我们会得到和图5.12(b)相同的波形。在交界面上,u会达到某一由参数A_h决定的值u_b。随着A_h的增加,u_b会减小,因为下半部分回复到稳定态的负反馈会更强。那么很明显,如果A_h足够大,就会使得$u_b < -1.2$。而这个值相似于图5.3中$f(u,v)=0$的左下方那段近似为一条直线的地方。也就是说,当A_h足够大,$u_b < -1.2$时,原本由(5.1)和(5.2)构建的可激发的下半部分可以用由(5.1)和(5.21)构建的被动性下半部分来替代。而被动性介质确实可以产生阻断现象。

这就是为什么当A_h足够大时,会发生罕见的阻断现象:因为当A_h足够大时,下半部分回复到稳定态的负反馈会很强,这导致从上半部分因为扩散作用传播来的激发微扰无法支持可激发介质超过激发阈值从而被激发起来,所以就会发生上半部分的激发波无法激发起来下半部分的介质的阻断现象。

5.8 小结

我们使用一个标准的反应扩散模型,在非均匀的可激发介质上进行数值模拟发现了一些有趣的现象:

首先,不同的初始激发条件会导致不同的稳定波形(弯曲波和波段)。我们使用自由边界法分析了其出现的原因,并进一步解释了波段存在的范围和对相关参数的依赖关系。而我们的理论解释和数值模拟得到的结果吻合得很好。需要指出的是,我们所使用的自由边界法还可以套用到其他可激发介质上。

而阻断现象的发现,是一个很罕见的现象,因为原本两个都是可以支持激发波传播的介质,却在交界面发生了阻断现象。这一新现象可以应用到很多方面。比如在心脏中,这种现象可能是由单向阻断(unidirectional block)引起的心跳不齐的原因。再比如,也可以应用到如图 5.2 所示的由化学系统组成的信号处理上来。

第 6 章　不均匀可激发介质中快速传播区域引发螺旋波

6.1　引言

在许多系统中都能观察到螺旋波,也称转子。众所周知,螺旋波导致心脏组织的再进入,会引起心律失常,甚至猝死[20,24,128]。为了了解螺旋波产生的机制并消除随之而来的恶性心律失常,电生理异质性的影响被认为是主要原因之一,并引起了广泛关注[19,129-133]。波阵面失稳和随后产生的再发性兴奋可由内在异质性和动态异质性引起。例如,心脏组织多次起搏的一个可能结果是动态诱导的复极化异质性导致传播波的不稳定和自我持续活动的产生[134-138]。电耦合和自动性的异质性也可能导致片段异位波的出现[139]。此外,耦合良好和未耦合心脏组织之间的边界层会产生与自组织螺旋波和异位波相关的丰富现象[140]。在复杂和罕见的情况下也会引发瞬态螺旋波。耦合梯度的突然过渡会阻碍波的传播,但附近平滑过渡的部分不会,因此会导致再进入。在人体心室组织模型中也发现了由于各向异性耦合的突然转变而导致的波阻滞[141]。

如上所述,有许多情况会导致自持续激发波的产生。最近,在一个通用的可激发系统模型中发现了一种新情况,即激发波快速传播的区域可能会导致激发波传播的单向阻滞[142]。这种单向阻滞是根据心脏病学文献中的源汇失配现象实现的[143]。进一步的研究表明,在局部快速传播区域(FPR)

存在的情况下,只需施加一个刺激就能使螺旋波成核[144]。研究还表明,各种几何因素在螺旋波产生中起着重要作用[145]。

在本章,我们展示了在二维介质中矩形 FPR 的扁平边界可能会阻挡外部激发波的传播。然而,FPR 圆角处的局部大曲率会阻止这种阻挡,从而让外部激励穿透到 FPR 中,导致螺旋波产生。我们证明,螺旋波的产生主要取决于 FPR 的尺寸和异质性程度。如果 FPR 的尺寸低于某个临界值,则产生的螺旋波最终会在接近介质边界时消失。FPR 的临界大小取决于异质性的程度。

6.2 理论及模型

虽然心脏组织中复杂电活动的某些方面需要使用反应 - 扩散方程和详细的离子通道模型进行研究,但心脏动力学的许多一般时空特征可以通过以下相对简单但通用的双变量模型再现出来。

$$\frac{\partial u}{\partial t} = \nabla \cdot (D \nabla u) - A f(u,v) \tag{6.1}$$

$$\frac{\partial v}{\partial t} = \epsilon g(u,v) \tag{6.2}$$

其中 u 和 v 分别为激活剂和抑制剂。u 和 v 的局部动力学由非线性函数 $f(u,v)$ 和 $g(u,v)$ 指定。在由巴克利提出的一个广泛使用的计算效率高的通用模型中,两个非线性函数为

$$f(u,v) = u(u-1)\left(u - \frac{v+b}{a}\right) \tag{6.3}$$

$$g(u,v) = \begin{cases} (u-v), & u \geqslant v \\ k_\epsilon(u-v), & u < v \end{cases} \tag{6.4}$$

参数 $a=1$、$b=0.44$ 和 $\epsilon=0.00011$ 描述了系统的兴奋性,在我们的模拟中这些参数是固定不变的。为了模拟脉冲产生后兴奋性的相对快速恢复,我们对原始巴克利模型稍作修改,引入了一个额外的参数 k_ϵ,在我们的模拟中固定为 $k_\epsilon=10$。巴克利模型中的传播波速与 $\sqrt{DA}$ 成正比。参数 D 和 A 的

空间异质性会导致产生能够引发螺旋波的 FPR。

如图 6.1(a) 所示，FPR 下方被视为长度为 L、半径为 R 的两个圆角矩形区域。在这个区域内，D 或 A 的值比外部的大。我们将其插入空间单位为 450×450 的正方形介质中，并在边界隐含了无流动边界条件。我们的模拟使用了直角坐标下的显式有限差分法。在圆角处使用了阶梯近似法。当 $R \geq 15$ 时，空间步长为 $dx = 0.3$，时间步长为 $dt = 0.01$。空间和时间步长越细，R 越小。例如，当 $R = 10$ 时，$dx = 0.2$，$dt = 4.44 \times 10^{-3}$；当 $R = 5$ 时，$dx = 0.1$，$dt = 1.11 \times 10^{-3}$。

方程 (6.1)—(6.4) 中的变量 u 和 v 在 $0 < u < 1$ 和 $0 < v < a - 2b$ 的范围内变化。

6.3 数值模拟结果

6.3.1 从矩形快速传播区产生的螺旋波

为了说明螺旋波从圆角矩形异质区域产生的现象，如图 6.1 所示，我们以黑色虚线标记的 FPR 长度为 $L = 300$，有两个半径为 $R = 15$ 的转角。在 FPR 区域内，扩散系数 $D = 1$，模型参数 $A = 2$。在该区域外，$D = 1$，$A = 1$。由于 A 的值增大，这个圆角矩形区域可称为 FPR，因为其内部的传播速度大于外部。在这样的参数选择下，FPR 的扁平边界会单向阻挡平面波在 FPR 外部的介质中传播，如图 6.1(a) 所示。然而，FPR 圆角处的局部曲率 $1/R \approx 0.067$，足够大，可以抵消阻挡效果，让激发波穿透 FPR，如图 6.1(b) 所示。然后，相变点 (PCP) 出现，自持续螺旋波产生，如图 6.1(c)—(e) 所示。其中点和线分别为螺旋波的相变点 (PCP) 及轨迹。

在图 6.1 中，u 和 v 的时空动态由激励相位 ϕ 的灰度编码分布表示，其中 $-\pi < \phi < \pi$。相位定义为：$\phi = \alpha + 3\pi/4$，其中角度 α 由 $(u - 1/2)$ 和 $(v - a/2 + b)/(a - 2b)$ 相位平面上分量为 (u, v) 的矢量方向决定。根据这一定义，$\phi = 0$ 对应介质的静止状态，$\phi = \dfrac{\pi}{2}$ 代表波前，$\phi = -\dfrac{\pi}{2}$ 代表波背，$\phi = \pi$ 对

第6章 不均匀可激发介质中快速传播区域引发螺旋波

应激发状态,而 $\phi = -\pi$ 代表不应期区域。上述相位表示的方法也适用于后面类似的图。

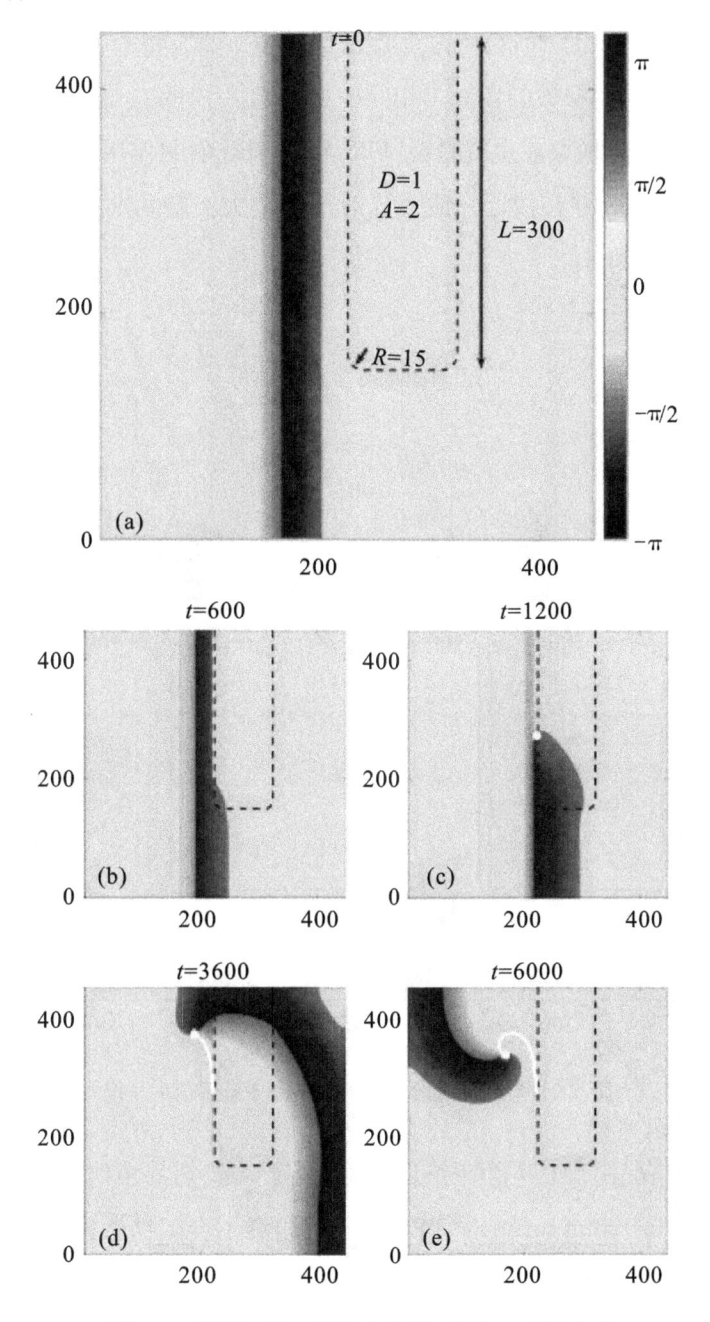

图6.1 螺旋波因矩形快速传播区域(FPR)而产生

但是,如果 FPR 圆角处的局部曲率低于临界值,则在圆角处不会有激发波穿透进入 FPR。如图 6.2(a)所示,在半径为 $R=30$ 的圆角处观察不到穿透。图 6.2(b)—(d)中 PCP(白点)及其轨迹(白线)将沿着 FPR 边界移动并最终消失。其他参数与图 6.1 相同。如果 FPR 内的 D 或 A 超过各自临界值,也会出现类似现象。也就是说,FPR 将起到缺陷的作用。瞬态螺旋波开始围绕 FPR 循环,并在接近介质边界时最终消失。转角曲率的临界值取决于 FPR 内的 D 和 A。

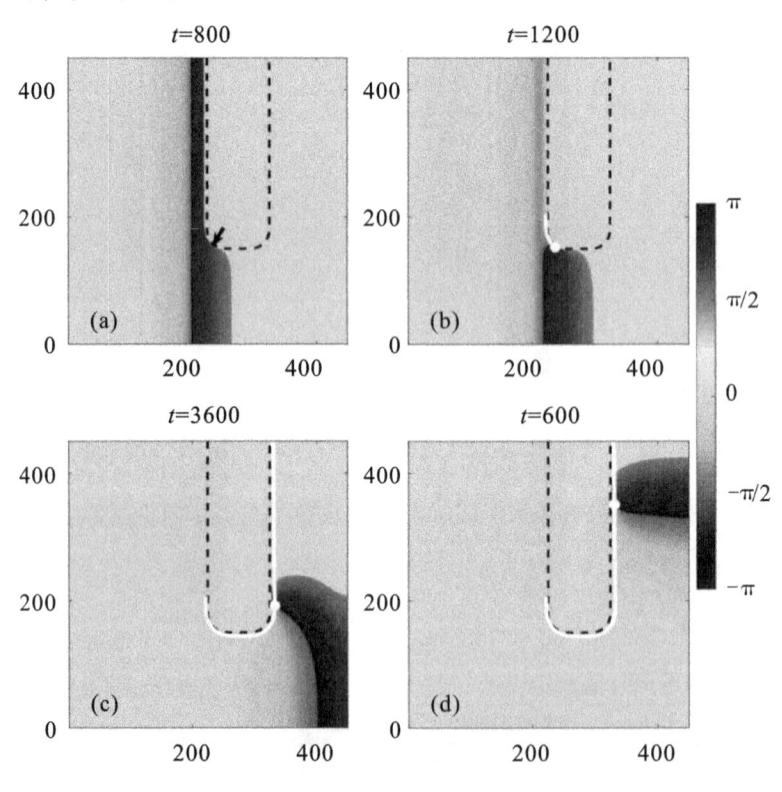

图 6.2　FPR 区域的转角半径 R 大于临界值的情况

另一种情况出现在 FPR 内的 D 或 A 低于某些临界值时。如图 6.3(a)所示,当 $D=0.9$ 和 $A=1.8$ 时,FPR 的平面边界不会阻挡激发波传播进 FPR 区域。如图 6.3(b)所示,因为 FPR 内的传播速度快,平面激发波会变成曲线的,扫过 FPR 区域,最终在到达介质右侧边界后消失,不会产生自持续螺旋波。

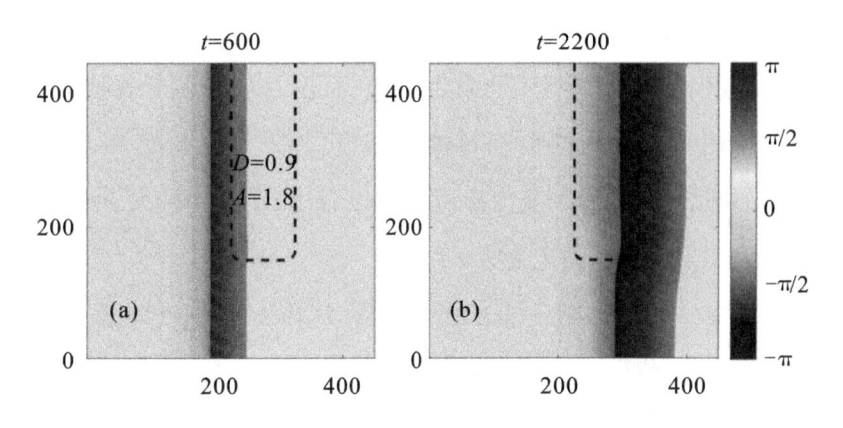

图6.3 FPR区域的 D 或 A 低于临界值的情况

6.3.2 矩形快速传播区的临界长度

对于FPR中给定的 D 和 A，其长度 L 也是产生自持续螺旋波的关键参数。如果 L 短于某个临界长度，PCP将接近介质边界并最终消失。如图6.4(a)中的白线所示，PCP过于靠近介质边界而最终消失。如图6.4(b)所示的PCP消失后，弯曲波在介质中传播，并最终消失在介质边界。因此，不会存在稳定旋转的螺旋波。

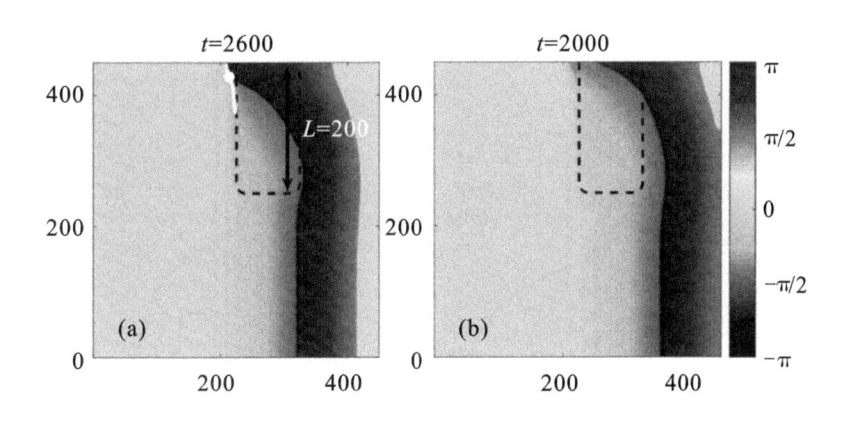

图6.4 L 短于临界长度的情况

我们详细研究了在不同的 A 和 D 条件下，产生自持续螺旋波所需的 FPR 临界长度，以及非穿透区和非阻挡区的边界。如图 6.5(a) 所示，当 D 或 A 高于某些临界值时，就不会发生穿透；而当 D 或 A 低于其他临界值时，就不会发生阻挡。在这两个临界值之间，可以产生自持续螺旋波。其中 FPR 所需的临界长度 L_c 用灰度标识。可以看出，D 或 A 越大，所需的 L_c 就越短。这里圆角的半径固定为 $R=15$。

图 6.5 中 (b) 和 (c) 进一步证实了 L_c 对 D 和 A 的这种依赖性，我们在这里展示了在不同的转角半径 R 下，L_c 随着 D 或 A 的增加而缩小，以及 L_c 也会随着 R 的增加而变化。

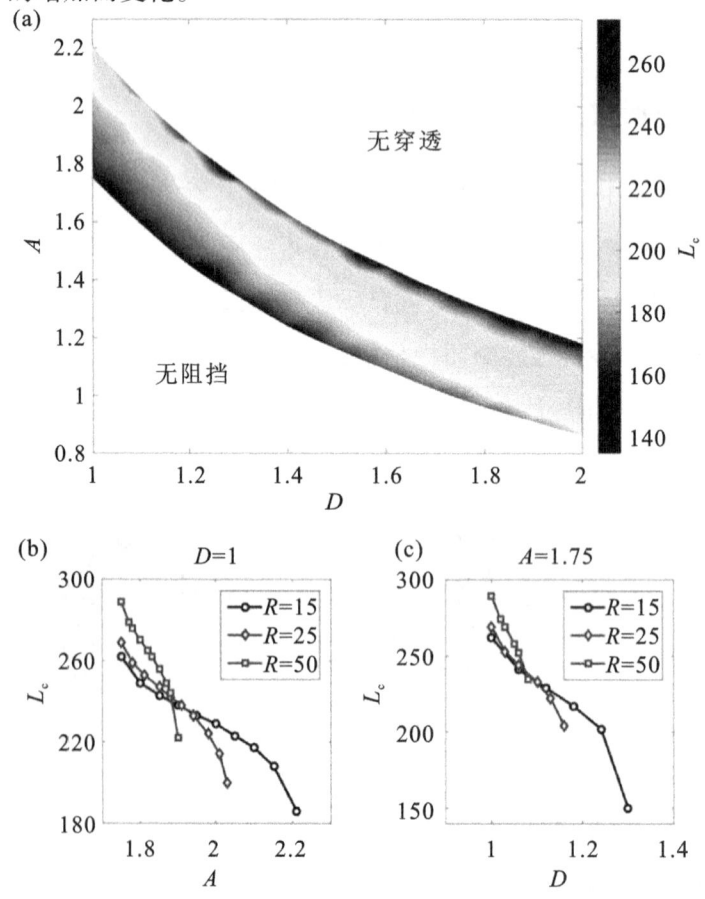

图 6.5　在 FPR 的参数空间中产生螺旋波和因无穿透或无阻挡而未产生螺旋波的区域

我们还研究了矩形 FPR 宽度的影响。数值模拟结果表明,如果 FPR 宽度大于 2R,则对螺旋波的产生没有明显影响。

6.4 分析

为了分析圆角矩形 FPR 引发螺旋波的主要条件,我们通过取 $\epsilon=0$ 和 $v=0$ 来简化双分量反应扩散方程。在这种限制情况下,初始方程(6.1)—(6.4)可改写为

$$\frac{\partial u}{\partial t} = \nabla \cdot (D \nabla u) - Au(u-1)\left(u - \frac{b}{a}\right) \tag{6.5}$$

该方程描述了一个双稳态扩展系统,其中存在静止状态 $u=0$、激发状态 $u=1$ 和不稳定的稳定状态 $u=b/a$。$\beta=b/a$ 是激发阈值。双稳态方程已被广泛用于分析当 $\epsilon \ll 1$ 时波前的传播,这是 FPR 边界阻挡和穿透背后的基本机制。

6.4.1 非阻挡和非渗透边界分析

为了分析初始平面波在 FPR 平面边界受阻的条件,我们可以进一步简化方程(6.5),将其视为一维双稳态系统,如下所示:

$$\frac{\mathrm{d}}{\mathrm{d}x}\left(D(x)\frac{\mathrm{d}u}{\mathrm{d}x}\right) - A(x)u(u-1)(u-\beta) = 0 \tag{6.6}$$

其中,当 $x \leqslant 0$ 时,$A(x)=1$,$D(x)=1$;当 $x>0$ 时,$A(x)=A$,$D(x)=D$。$x=0$ 时的边界条件和连续性条件为

$$u|_{x=-\infty} = 1, u|_{x=\infty} = 0$$

$$\left.\frac{\mathrm{d}u}{\mathrm{d}x}\right|_{x=-\infty} = \left.\frac{\mathrm{d}u}{\mathrm{d}x}\right|_{x=\infty} = 0 \tag{6.7}$$

$$\left.\frac{\mathrm{d}u}{\mathrm{d}x}\right|_{x=-0} = D\left.\frac{\mathrm{d}u}{\mathrm{d}x}\right|_{x=+0} \tag{6.8}$$

将等式(6.6)乘以 $\mathrm{d}u/\mathrm{d}x$,对 x 从 $-\infty$ 到 0,以及从 0 到 ∞ 进行积分,使用等式(6.7)和(6.8),我们得到以下等式

$$\int_1^{u(0)} u(u-1)(u-\beta)\mathrm{d}u = DA \int_0^{u(0)} u(u-1)(u-\beta)\mathrm{d}u \qquad (6.9)$$

这就决定了参数跃迁点的 $u(0)$ 值与乘积 DA 的函数关系。请注意,只有当 $u(0)<\beta$ 时,前沿才能停止。因此,$u(0)=\beta$ 的方程(6.9)给出了乘积 DA 的临界值,超过该值就会出现传播阻挡。

因此,相图中的非阻挡边界具有如下解析形式:

$$DA < \frac{(1-\beta^2)(1-\beta)^2}{\beta^3(2-\beta)} \qquad (6.10)$$

需要强调的是,这一分析结果给出了图 6.5(a)中通过数值计算获得的非阻挡边界的精确估计值,偏差不超过百分之一。

为了分析激发波无法穿透 FPR 圆角的条件,我们详细研究了数值模拟过程中的情况。如图 6.6(a)所示,最初的平面波在 FPR 的圆角处会变得弯曲。这类似于如图 6.6(b)所示的圆波穿透半径为 r 的圆形。

为了验证这一类比,我们比较了圆角矩形 FPR 和圆形 FPR 的非穿透边界。如图 6.6(c)所示,角半径为 R 的矩形 FPR 的非穿透边界位于两条曲线之间,这两条曲线分别对应于半径为 $r_{\min}$ 和 $r_{\max}$ 的圆形 FPR 的非穿透边界。请注意,在圆角附近,边界曲率会从 0 跃升到 $1/R$。因此,可以很自然地假设半径为 $r \approx 2R$ 的圆形 FPR 的非穿透边界将近似于圆角矩形 FPR 的非穿透边界。如图 6.6(d)所示,这种近似方法在 $10 \leqslant R \leqslant 50$ 时效果良好。

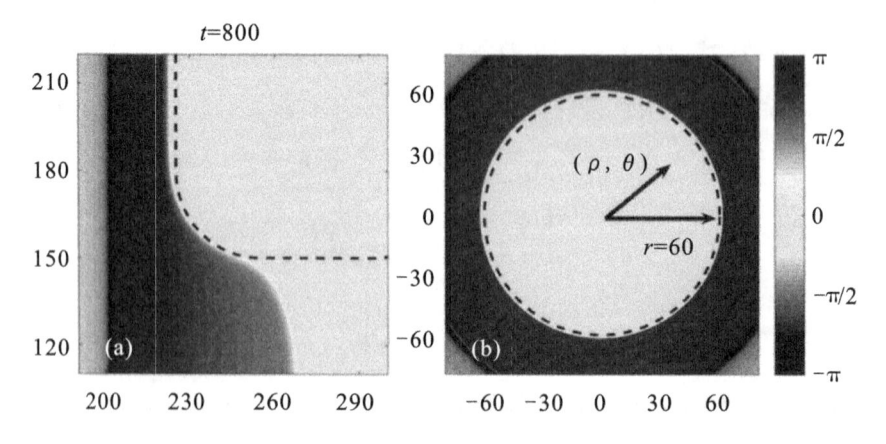

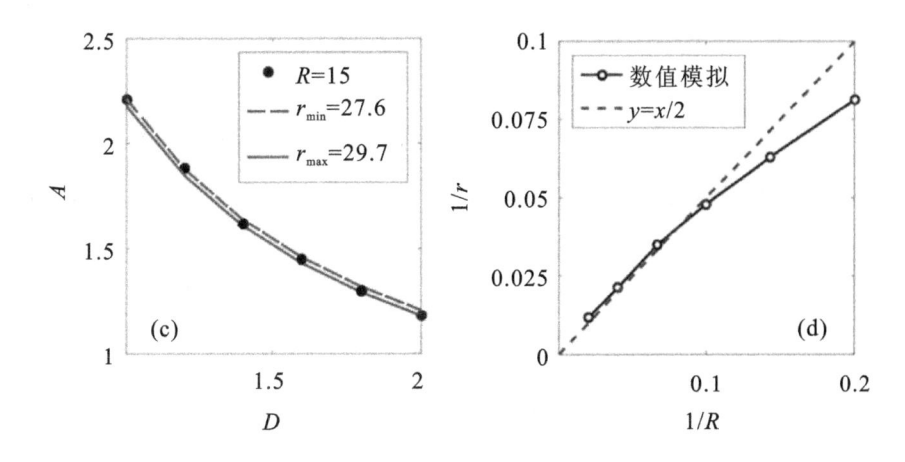

图 6.6 矩形 FPR 圆角处的非穿透与圆波在圆形 FPR 中的非穿透之间的类比

因此，我们可以使用圆形 FPR 的模拟结果和半径关系 $r \approx 2R$ 来逼近圆角矩形 FPR 的非穿透边界。由于极坐标 (ρ,θ) 中的圆形 FPR 具有旋转对称性，因此我们可以将二维方程(6.1)和(6.2)转化为一维方程，如下所示：

$$\frac{\partial u}{\partial t} = \frac{1}{\rho}\frac{\partial}{\partial \rho}\left(D(\rho)\rho\frac{\partial u}{\partial \rho}\right) - A(\rho)f(u,v) \quad (6.11)$$

$$\frac{\partial v}{\partial t} = \epsilon g(u,v) \quad (6.12)$$

这种转换大大简化了相应的分析。相应的计算是通过显式有限差分法进行的，空间步长为 $d\rho = 0.3$，时间步长为 $dt = 0.01$。为了模拟接近圆形 FPR 的圆波，假定介质中 $\rho > \rho_{ext}$ 的部分处于激发态[见图 6.6(b)]。

6.4.2 圆角矩形快速传播区临界长度 L_C 分析

为了理解 L_C 依赖于 FPR 特性(即 D、A 和 R)背后的机制，我们将 L_C 分为三部分，如图 6.7 所示。第一部分是从激励开始穿透的 FPR 圆角到 PCP 首次出现的位置的距离。这一部分名为 L_{exc}，应由 FPR 的特性决定，因为它描述了激励在 FPR 内部的传播。第二部分是从 PCP 的初始位置到其轨迹中最高位置的距离。这部分名为 L_r，描述了 PCP 沿着 FPR 但位于 FPR 外部的轨迹范围。这部分轨迹实际上与 FPR 特性无关。第三部分是 PCP 轨迹中最高位置到顶部介质边界的距离。这部分被命名为 $L_{\min}$，应大于到顶部介质边界的某个最小距离。否则，PCP 会过于靠近边界，最终消失。$L_{\min}$ 的值应该只取决于 FPR 外部介质的给定特性，因此在我们的模拟中是固定的。因此，L_C 的值是固定的 $L_{\min}$ 和 L_r 以及 L_{exc} 的总和，后者由 FPR 内部的 D 和 A 以及 FPR 角上的 R 决定。

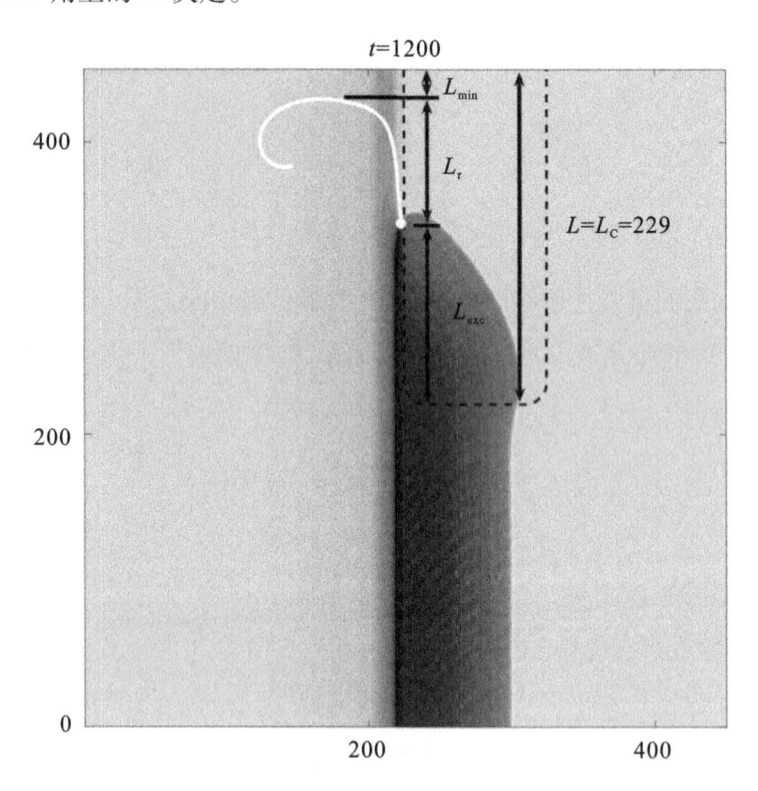

图 6.7　产生螺旋波所需的 FPR 临界长度 L_C 的构成

因此，L_{exc} 是唯一可变的部分，取决于 D、A 和 R。其值为

$$L_{\text{exc}} = \int_{t_p}^{t_r} c_v \mathrm{d}t \tag{6.13}$$

其中，t_p 是激发波在 FPR 圆角处开始穿透的时间，t_r 是 PCP 最初出现的时间，c_v 是激发波沿 FPR 平面边界的传播速度。如图 6.8 所示，在不同的 D、A 和 R 条件下，t_r 保持不变，而 t_p 则发生变化。速度 c_v 随时间变化，也取决于 D、A 和 R。

根据这些结果,可以得出三个结论。首先,增大 D、A 或 R 会延迟 t_p。其次,t_r 在所有情况下几乎相同。因为它是由平面波的波背到达 FPR 左平面边界的时间决定的。因此,它是由 FPR 外部介质的固定特性决定的。最后,如图 6.8 所示,在轨迹的大部分时间里,在参数 D 和 A 与 FPR 内部相同的均质介质中,c_v 大于平面波速度 c_p。显然,由于受阻平面波的扩散影响,在 FPR 左侧平面边界附近,激活剂 $u>0$ 的值会使 c_v 加速。在一维可激发介质的双稳态模型中,如果波前的激活剂值超过静止状态,这种传播速度的增加就是一种普遍效应。在火焰传播的背景下,这种现象也可以用公式(6.6)来描述,它被命名为预热效应(preheating effect)。

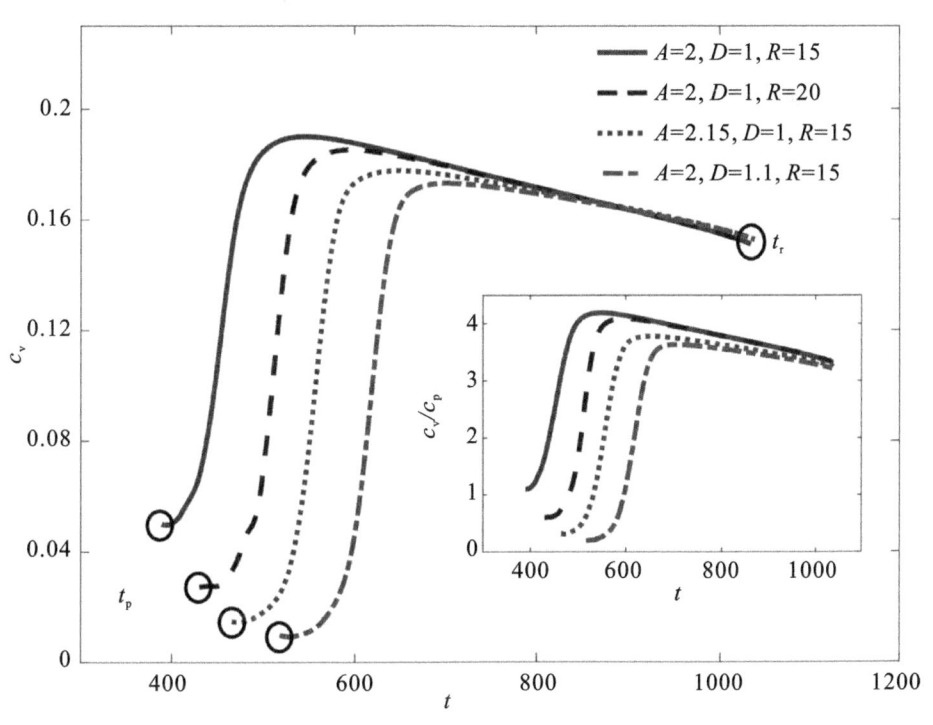

图 6.8　穿透激励沿 FPR 垂直平面边界随时间变化的传播速度

6.4.3　t_p 的延迟机制

t_p 的延迟发生在 FPR 的圆角处。如上所示,平面波穿透半径为 R 的圆角,类似于圆波穿透半径为 $r \approx 2R$ 的圆形 FPR。因此,考虑到这一类比并只关注激发波前沿的传播,我们可以使用方程(6.11)和(6.12)的双稳态版本来研究圆角 FPR 上 u 随时间的变化。以极坐标 (ρ, θ) 表示的圆形 FPR 的双稳态方程为

$$\frac{\partial u}{\partial t} = \frac{1}{\rho} \frac{\partial}{\partial \rho}\left(D(\rho)\rho \frac{\partial u}{\partial \rho}\right) - A(\rho)u(u-1)(u-\beta) \qquad (6.14)$$

使用空间步长为 $\Delta \rho$ 的有限差分法,在圆形 FPR 边界 $r = 2R$ 处,方程 (6.14) 可展开为

$$\begin{aligned}\frac{\partial u|_r}{\partial t} = \frac{1}{r\Delta\rho^2} [& D|_{r+0.5\Delta\rho}(r+0.5\Delta\rho)(u|_{r+\Delta\rho} - u|_r) - \\ & D|_{r-0.5\Delta\rho}(r-0.5\Delta\rho)(u|_r - u|_{r-\Delta\rho})] - \\ & A|_r u|_r (u|_r - 1)(u|_r - \beta)\end{aligned} \qquad (6.15)$$

其中

$$D|_{r+0.5\Delta\rho} = \frac{1}{2}(D|_{r+\Delta\rho} + D|_r) = \frac{1}{2}(1+D)$$

$$D|_{r-0.5\Delta\rho} = \frac{1}{2}(D|_r + D|_{r-\Delta\rho}) = \frac{1}{2}(D+D) = D$$

$$A|_r = A$$

当圆波到达圆形 FPR 边界 r 时,我们有 $u|_{r-\Delta\rho} < u|_r < u|_{r+\Delta\rho}$,并且 $u|_r$ 仍然小于激发阈值 β。因此,$u|_r(u|_r - 1)(u|_r - \beta) > 0$。然后,我们可以把方程(6.15)的右边分成两个项,会导致 $u|_r$ 随时间增加的项被称为源项,其表达式为

$$\frac{1}{\Delta\rho^2} \frac{1+D}{2}\left(1 + \frac{\Delta\rho}{2r}\right)(u|_{r+\Delta\rho} - u|_r) \qquad (6.16)$$

另一个会导致 $u|_r$ 随时间减少的项被命名为汇项。其表达式为

$$\frac{1}{\Delta\rho^2} D\left(1 - \frac{\Delta\rho}{2r}\right)(u|_r - u|_{r-\Delta\rho}) - Au|_r(u|_r - 1)(u|_r - \beta) \qquad (6.17)$$

从上述两个项的表达式中,我们可以发现,增大 D 会增强源项,同时还会进一步增强汇项。较大的 A 不会影响源项,但会增强汇项。较大的 r,即

类比中的 $2R$,会减少源项,但会增加汇项。

因此,结论是 D、A 和 R 越大,汇项就越强,$u|$,到达激发阈值的时间就越晚。这就是激发波穿透的开始时间在圆角矩形 FPR 的拐角附近延迟的原因,即公式(6.12)中的 t_p。如图 6.9 所示,数值模拟结果通过绘制圆角矩形 FPR 拐角处的 u 值随时间变化的曲线,证明了我们对延迟效应的解释。

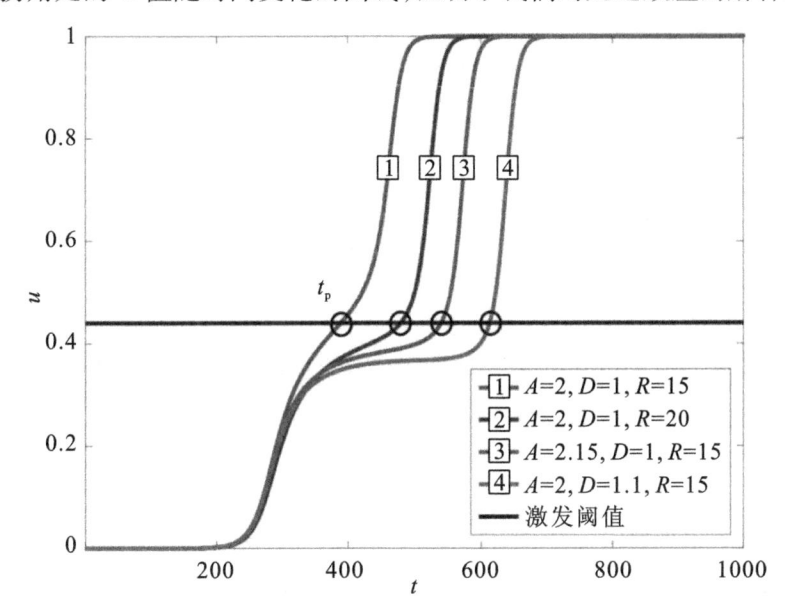

图 6.9 数值模拟中平面边界与矩形 FPR 角交界处 u 值的时间变化

6.4.4 预热对 c_v 的影响

在圆角矩形 FPR 内部,传播速度 c_v 的加速效应发生在其垂直平面边界附近。当初始平面波在平面边界受阻时,虽然它不会穿透 FPR 内部,但会增加 FPR 边界附近的 u 值。这与火焰传播过程中的预热效应十分相似,当火焰前方的燃料温度升高时,这种预热介质会加速激发波前沿 FPR 垂直平面边界的传播速度 c_v。

从双稳态分布式系统的公式(6.5)中可以分析理解加速波前的机制。如果将 FPR 靠近其平面边界的预热部分假定为近一维介质,我们可以建立

一个移动框架,即 $z = x + ct$,其中 c 是波前的传播速度。因此,方程(6.5)可简化为

$$Du_{zz} - cu_z - Au(u-1)(u-\beta) = 0 \qquad (6.18)$$

预热效应会将 u 的值增加到某个预热状态 u_p,并使激发从 $u_p > 0$ 开始,而不是从静止状态 $u = 0$ 开始。激发波前的传播速度可以表示为

$$c(u_p) = \frac{\int_{u_p}^1 Au(1-u)(u-\beta)\mathrm{d}u}{\int_{-\infty}^{\infty} u_z^2 \mathrm{d}z}$$

$$= \frac{\int_{u_p}^{\beta} Au(1-u)(u-\beta)\mathrm{d}u + \int_{\beta}^1 Au(1-u)(u-\beta)\mathrm{d}u}{\int_{-\infty}^{\infty} u_z^2 \mathrm{d}z} \qquad (6.19)$$

方程(6.19)的分析表达将在两种极限情况下得到。第一种是未加热的情况,此时 u_p 等于静止状态。这给出了

$$c(0) = \sqrt{DA/2}(1-2\beta) \qquad (6.20)$$

第二种是完全预热的情况,此时 u_p 等于激发阈值 β。由此得出

$$c(\beta) = \sqrt{DA/2}(1+\beta) \qquad (6.21)$$

上述两个分析表达式显然证明了 $c(\beta) > c(0)$,因为 $\beta > 0$。

我们还研究了方程(6.18)数值模拟中的预热传播速度。如图 6.10 所示,以 $D = 1$ 和 $A = 2$ 的值为例。实线表示方程(6.5)描述的一维介质中的数值模拟结果。波前的 u 值设为 u_p。空心圆形和正方形分别是方程(6.20)和(6.21)在 $u_p = 0$ 和 $u_p = \beta$ 这两种极限情况下的解析结果,即静止状态和激发阈值。

数值结果阐明了传播速度 $c(u_p)$ 与预热状态 u_p 的函数关系。方程(6.20)和(6.21)的分析结果完美地描述了这些数值数据之后的两种极限情况。

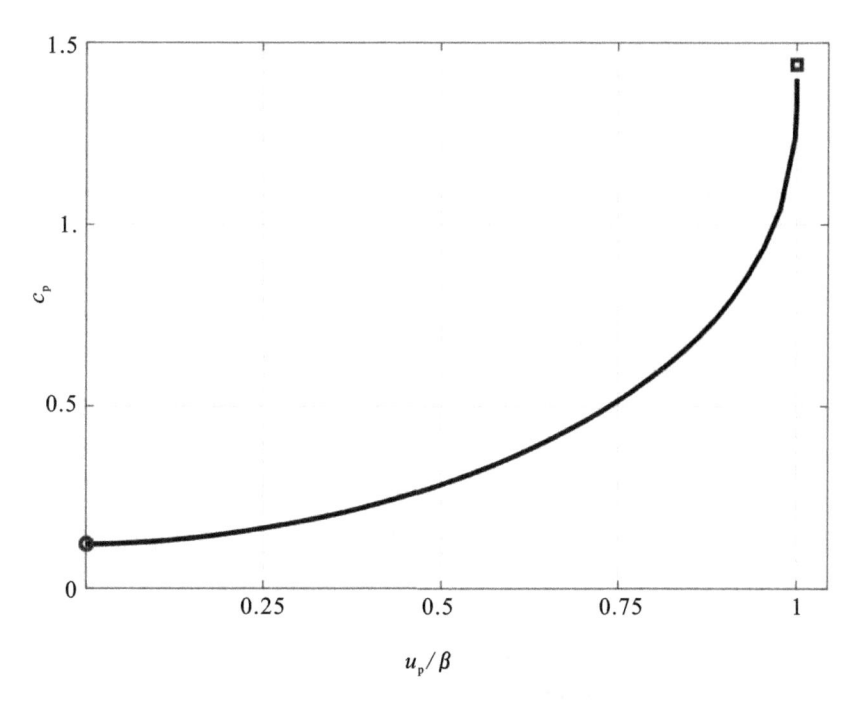

图 6.10 与预热状态 $u = u_p$ 相对应的传播速度 c_p

6.5 结论及应用

我们的研究结果表明,自持续螺旋波可以从空间异质性(即 FPR)中产生。通过使用一个通用模型,用 D、A 和 R 三个参数对异质性进行参数化。在给定 R 时的 $D - A$ 图中,螺旋波产生区域位于非阻挡区域和非穿透区域之间。螺旋波产生区域的两个边界可分别通过双稳态分布式系统的解析方程和圆形 FPR 的一维介质模拟来估算。我们还证明,要产生自持续螺旋波,圆角矩形 FPR 的长度应大于临界长度 L_C。这个临界值 L_C 取决于 FPR 内部的参数 D 和 A,以及圆角的半径 R。

在通用模型中的发现可能适用于描述心脏组织的电生理特性。事实上,二维组织中跨膜电位 V 的分布可以用反应-扩散方程描述如下:

$$\frac{\partial V}{\partial t} = \frac{1}{\chi C_m} \nabla(\boldsymbol{\sigma} \cdot \nabla V) - \frac{I_{\text{ion}}(V, \boldsymbol{h})}{C_m} \quad (6.22)$$

$$\frac{\partial \boldsymbol{h}}{\partial t} = g(V, \boldsymbol{h}) \tag{6.23}$$

其中，χ 是心脏细胞的表面体积比，C_m 是膜电容，$\boldsymbol{\sigma}$ 是电导率张量，I_{ion} 是离子通道电流的总和。每个独立电流的强度由矢量 $\boldsymbol{h}$ 的相应分量决定。方程 (6.22) 和 (6.23) 可以概括为如下双分量反应扩散系统：

$$\frac{\partial V}{\partial t} = \nabla (D \cdot \nabla V) - \frac{I_{ion}(V, h)}{C_m} \tag{6.24}$$

$$\frac{\partial h}{\partial t} = g(V, h) \tag{6.25}$$

其中有效扩散系数张量 $D = \sigma/\chi C_m$ 和离子电流的描述被简化为标量值 h。在各向同性组织中，我们可以将张量 $\boldsymbol{\sigma}$ 简化为标量。因此，描述心脏组织电生理特性的简化系统与我们使用的反应-扩散模型相似。

众所周知，衰老心脏中的心房纤维化会导致部分心肌电导率的空间变化。如果这部分心肌中的某些区域保持不变，就会与我们的模型中引入的 FPR 相似。请注意，当植入心脏组织的干细胞与心肌细胞形成间隙连接时，也会出现类似的电导率非均质性。此外，一些心脏疾病会导致离子通道重塑。这种重塑可表示为公式 (6.22) 中 I_{ion} 项的变化。这相当于我们模型中参数 A 的变化。

当然，上述模型仅旨在再现心肌组织电活动的重要特征。对特定动态特征的研究可以通过应用研究中广泛使用的更详细的模型来完成。值得注意的是，我们最近应用 Fenton-Karma 模型的结果表明，用巴克利模型得到的所有情况都是完全可重复的。造成这种情况的一个明显原因是，该模型详细再现的动作电位持续时间的恢复在所描述的情景中只起有限的作用，在这些情景中，螺旋波是在施加单次兴奋刺激后产生的。然而，对真实组织进行更详细的模拟和相应的实验研究无疑有助于验证所观察到的情况在心律失常产生中的作用。

第7章 总结

反应扩散系统中可激发波和缺陷的相互作用是一个现实而重要的问题。因为正如我们绪论中所指出的,真实系统中,比如心脏系统,各种各样的缺陷是广泛存在的。而缺陷会对附近的可激发波产生相互作用,甚至将附近自由的可激发波吸引过来。所以在充满缺陷的真实反应扩散系统中,可激发波更多的是在和缺陷相互作用。因此,我们研究反应扩散系统中的可激发波,就更应关注于其与各种缺陷的相互作用,即被缺陷影响的可激发波,它们所体现出来的各种表征现象。

对于可激发波和不可激发型缺陷的相互作用,尽管已经有了大量理论分析、数值模拟和实验测量的研究,但是一个和实验数据相吻合的理论分析的结果仍然有待完善。在第2章中,我们结合非线性程函关系、色散关系和运动学方程,提出了一个和数值模拟的结果定量吻合的理论分析方法,很好地解释了钉扎螺旋波在周期波驱动下的动力学行为和对应于去钉扎过程的动力学失稳点的情况。该理论不仅可以很好地解释去钉扎过程,也可以用来解释缺陷产生螺旋波和钉扎多臂螺旋波的情况。同时,我们为了得到更精确的数值模拟的结果,使用了相场法和自然激发。

对于可激发波和非均匀激发型缺陷的相互作用,我们首次在一个由激发性强的环形区域包围住激发性弱的圆形区域构成的盘状激发性不均匀介质上,发现了大家广为期待的可激发系统中向内传播的螺旋波。我们使用色散关系讨论了向内传播的螺旋波存在的条件,推导出的结果能够很好地和数值模拟中向内传播的螺旋波存在的边界相吻合。

进一步,为了从理论上定量地给出受非均匀激发型缺陷影响的向内传播的螺旋波的动力学行为,我们简化了上面的情况:类似于将盘状介质展开,构建了一个由激发性强的条状区域和一个激发性弱的条状区域并排拼接而成的彩条状激发性不均匀介质上。我们测量了一个从中间截断的波段在其上传播的各项参数,得到了数值模拟的结果。接着我们使用线性程函关系、色散关系和运动学方程,给出了波段存在的范围和传播时的各项参数。对比之前得到的数值模拟的结果,我们验证了理论解释的定量一致性。

综上,我们结合程函关系、色散关系和运动学方程给出的理论解释,能够很好地解释可激发波和不可激发型缺陷以及非均匀激发型缺陷的相互作用,从而给出了对应真实系统中多种常见现象的预防和解决的建议,预示了新现象在真实系统中可能出现的条件,为我们进一步了解在真实的反应扩散系统中可激发波与缺陷的相互作用提供了更为定量符合的理论分析方法和更为精确的数值模拟方式。

当然,我们的理论仍有很多可供完善的地方。

对于程函关系,我们在第3章使用了线性程函关系,尽管在对于波段的讨论中因为特殊的情况,使用线性程函关系也能得到定量符合的理论结果。但是严格来讲,当波形的曲率较大,激发的周期较短,快慢变量反应速率的比值相对较大时,我们更应该使用非线性程函关系。正如我们在第1章讨论去钉扎过程时的情况,所以非线性程函关系才是最为符合真实情况的。我们在第2章中使用了相关研究[57-58]中的非线性程函关系表达式,考虑了周期、快慢变量反应速率的比值以及曲率对法向速度的影响,特别是当周期很小,快慢变量反应速率的比值较大时也能得到很好的结果,这正适合去钉扎过程中的情况。但是当曲率变大时,误差就显现出来了,而真实系统中,情况复杂多变。所以,一个同时满足不同周期、快慢变量反应速率的比值以及曲率的非线性程函关系的表达式能够更好地服务于我们对于更加贴近真实系统情况的理论分析的需要。尽管很多研究致力于这方面的努

第7章 总结

力[39, 57-58, 60]，但是仍有很大的空间留待我们去探索。

对于色散关系，我们在第3章中仅用了色散关系就能够成功分析出向内传播的螺旋波和向外传播的螺旋波的边界。而在第2章和第4章中，结合色散关系和程函关系以及运动学方程，给出了和数值模拟结果定量符合的理论分析。但是我们使用的色散关系的表达式是数值模拟结果的拟合。因为我们考虑的情况都是色散关系作用很强的情况，此时激发阈值很小，波前或是波背也不能够被忽略。所以相关研究[39, 56, 59-60, 146]中使用的理论推导的表达式并不适用。只有数值模拟结果拟合出的表达式才能满足我们所讨论的情况。当然，理论分析出的表达式也是我们未来需要努力的方向，因为它能够给出色散关系不稳定区内的失稳解[60]。

对于运动学方程，我们在第2章和第4章中都有使用到。主要是需要用它将程函关系和色散关系连在一起，并通过解边界问题算出给定情况下激发波（去钉扎过程和波段在非均匀激发性介质内传播）的解。运动学方程的使用最早可以追溯到文献[62]，接着被文献[109]成功运用到解决临界螺旋波的情况中去，以及文献[59]对于在弱激发附近螺旋波动力学行为的讨论。但是以上几篇文献所使用的运动学方程都包括了线性程函关系，导致在线性程函关系不适用的情况下，这些运动学方程的表达式也不再适用。而其他相关文献[39, 55, 60, 64-65]给出的运动学方程表达式则不再嵌套程函关系，所以更加适合需要结合非线性程函关系的情况。这也正是为什么我们在第2章中使用了和这些文献相似的表达式，并在第4章中使用了它的变种表达式[125-126]。但是运动学方程的解，依赖于对边界问题的求解。我们使用常见的打靶法来解边界问题，但打靶法的计算效率不高，并且不易并行。所以为了提高运动学方程的计算效率，有必要使用更加高效的计算方法。

参 考 文 献

[1] NICOLIS G, PRIGOGINE L. Self – organization in nonequilibrium systems: from dissipative structures to order through fluctuations[M]. New York:Wiley, 1977.

[2] TURING A M. The chemical basis of morphogenesis[J]. Philosophical transactions of the royal society of london series B – biological sciences, 1952, 237(641): 37 –72.

[3] OUYANG Q, SWINNEY H L. Transition from a uniform state to hexagonal and striped turing patterns[J]. Nature,1991,352(6336):610 –612.

[4] ECONOMOU A D, OHAZAMA A, PORNTAVEETUS T, et al. Periodic stripe formation by a Turing mechanism operating at growth zones in the mammalian palate[J]. Nature genetics,2012,44(3):348 –351.

[5] ZAIKIN A N, ZHABOTIN A M. Concentration wave propagation in 2 – dimensional liquid-phase self-oscillating system[J]. Nature, 1970, 225(5232): 535 –537.

[6] JAKUBITH S, ROTERMUND H H, ENGEL W, et al. Spatiotemporal concentration patterns in a surface-reaction-propagating and standing waves, rotating spirals, and turbulence [J]. Physical review letters, 1990, 65(24): 3013 –3016.

[7] WINFREE A T. Spiral waves of chemical activity[J]. Science, 1972,

175(4022): 634-636.

[8] KAPRAL R, SHOWALTER K. Chemical waves and patterns[M]. Netherlands: Springer, 1995.

[9] TYSON J J, MURRAY J D. Cyclic-amp waves during aggregation of dictyostelium amebas[J]. Development, 1989, 106(3): 421-426.

[10] PALSSON E, COX E C. Origin and evolution of circular waves and spirals in dictyostelium discoideum territories[J]. Proceedings of the National Academy of Sciences of the United States Of America, 1996, 93(3): 1151-1155.

[11] LEE K J, COX E C, GOLDSTEIN R E. Competing patterns of signaling activity in dictyostelium discoideum[J]. Physical review letters, 1996, 76(7): 1174-1177.

[12] LEE K J. Wave pattern selection in an excitable system[J]. Physical review letters, 1997, 79(15): 2907-2910.

[13] DAVIDENKO J M, KENT P F, CHIALVO D R, et al. Sustained vortex-like waves in normal isolated ventricular muscle[J]. Proceedings of the National Academy of Sciences of the United States of America, 1990, 87(22): 8785-8789.

[14] SCHULMAN L S, SEIDEN P E. Percolation and galaxies[J]. Science, 1986, 233(4762): 425-431.

[15] DAVIDENKO J M, PERTSOV A V, SALOMONSZ R, et al. Stationary and drifting spiral waves of excitation in isolated cardiac-muscle [J]. Nature, 1992, 355(6358): 349-351.

[16] WITKOWSKI F X, LEON L J, PENKOSKE P A, et al. Spatiotemporal evolution of ventricular fibrillation[J]. Nature, 1998, 392(6671): 78-82.

[17] SHAJAHAN T K, BOREK B, SHRIER A, et al. Scaling properties of

conduction velocity in heterogeneous excitable media[J]. Physical review E, 2011, 84(4): 046208.

[18] CHERRY E M, FENTON F H. Visualization of spiral and scroll waves in simulated and experimental cardiac tissue[J]. New journal of physics, 2008, 10(12): 125016.5.

[19] LUTHER S, FENTON F H, KORNREICH B G, et al. Low – energy control of electrical turbulence in the heart[J]. Nature, 2011, 475 (7355): 235 – 239.

[20] JALIFE J. Ventricular fibrillation: mechanisms of initiation and maintenance[J]. Annual review of physiology, 2000, 62:25 – 50.

[21] AGLADZE K, KEENER J P, MULLER S C, et al. Rotating spiral waves created by geometry[J]. Science, 1994, 264(5166): 1746 – 1748.

[22] GRAY R A, PERTSOV A M, JALIFE J. Spatial and temporal organization during cardiac fibrillation[J]. Nature, 1998, 392(6671): 75 – 78.

[23] WEISE L D, PANFILOV A V. Emergence of spiral wave activity in a mechanically heterogeneous reaction – diffusion – mechanics system [J]. Physical review letters, 2012, 108(22): 228104.

[24] KARMA A. Physics of cardiac arrhythmogenesis[J]. Annual review of condensed matter physics, 2013, 4:313 – 337.

[25] WINFREE A T. Electrical turbulence in 3 – dimensional heart – muscle[J]. Science, 1994, 266(5187): 1003 – 1006.

[26] BIKTASHEV V N, HOLDEN A V, ZHANG H. Tension of organizing filaments of scroll waves[J]. Philosophical transactions of the royal society a – mathematical physical and engineering sciences, 1994, 347 (1685): 611 – 630.

[27] ALONSO S, SAGUES F, MIKHAILOV A S. Taming Winfree turbu-

lence of scroll waves in excitable media[J]. Science, 2003, 299 (5613):1722-1725.

[28] ZHANG H, CAO Z J, WU N J, et al. Suppress Winfree turbulence by local forcing excitable systems[J]. Physical review letters, 2005, 94 (18):188301.

[29] PERTSOV A M, ERMAKOVA E A, PANFILOV A V. Rotating spiral waves in a modified Fitz-Hugh-Nagumo model[J]. Physica D, 1984, 14(1): 117-124.

[30] ZOU X Q, LEVINE H, KESSLER D A. Interaction between a drifting spiral and defects[J]. Physical review E, 1993, 47(2): R800-R803.

[31] STEINBOCK O, MULLER S C. Light-controlled anchoring of meandering spiral waves[J]. Physical review E, 1993, 47(3): 1506-1509.

[32] BAR M, GOTTSCHALK N, EISWIRTH M, et al. Spiral waves in a surface-reaction-model-calculations[J]. Journal of chemical physics, 1994, 100(2): 1202-1214.

[33] MUNUZURI A P, PEREZ-MUNUZURI V, PEREZ-VILLAR V. Attraction and repulsion of spiral waves by localized inhomogeneities in excitable media[J]. Physical review E, 1998, 58(3): R2689-R2692.

[34] XIE F, QU Z L, GARFINKEL A. Dynamics of reentry around a circular obstacle in cardiac tissue[J]. Physical review E, 1998, 58(5): 6355-6358.

[35] GLASS L, NAGAI Y, HALL K, et al. Predicting the entrainment of reentrant cardiac waves using phase resetting curves[J]. Physical review E, 2002, 65(2): 021908.

[36] WANG X N, LU Y, JIANG M X, et al. Attraction of spiral waves by localized inhomogeneities with small-world connections in excitable

media[J]. Physical review E, 2004, 69(5): 056223.

[37] PAZO D, KRAMER L, PUMIR A, et al. Pinning force in active media[J]. Physical review letters, 2004, 93(16): 168303.

[38] LIM Z Y, MASKARA B, AGUEL F, et al. Spiral wave attachment to millimeter-sized obstacles[J]. Circulation, 2006, 114(20): 2113 – 2121.

[39] ZYKOV V, BORDYUGOV G, LENTZ H, et al. Hysteresis phenomenon in the dynamics of spiral waves rotating around a hole[J]. Physica D-nonlinear phenomena, 2010, 239(11): 797 – 807.

[40] BIKTASHEV V N, BARKLEY D, BIKTASHEVA I V. Orbital motion of spiral waves in excitable media[J]. Physical review letters, 2010, 104(5): 058302.

[41] ZEMLIN C W, PERTSOV A M. Anchoring of drifting spiral and scroll waves to impermeable inclusions in excitable media[J]. Physical review letters, 2012, 109(3): 038303.

[42] HWANG S M, KIM T Y, LEE K J. Complex-periodic spiral waves in confluent cardiac cell cultures induced by localized inhomogeneities [J]. Proceedings of the National Academy of Sciences of the United States of America, 2005, 102(29): 10363.

[43] HAYES D L, ASIRVATHAM S J, FRIEDMAN P A. Cardiac pacing, defibrillation and refsynchronization: a clinical approach[M]. Hoboken, New Jersey: Wiley-Blackwell, 2012.

[44] AGLADZE K, KAY M W, KRINSKY V, et al. Interaction between spiral and paced waves in cardiac tissue[J]. American journal of physiology-heart and circulatory physiology, 2007, 293(1): H503 – H513.

[45] KRINSKY V I, AGLADZE K I. Interaction of rotating waves in an active-chemical medium[J]. Physica D, 1983, 8(1 – 2): 50 – 56.

[46] FU Y Q, ZHANG H, CAO Z J, et al. Removal of a pinned spiral by

generating target waves with a localized stimulus[J]. Physical review E, 2005, 72(4): 046206.

[47] ISOMURA A, HOERNING M, AGLADZE K, et al. Eliminating spiral waves pinned to an anatomical obstacle in cardiac myocytes by high-frequency stimuli[J]. Physical review E,2008,78(6):066216.

[48] TANAKA M, ISOMURA A, HOERNING M, et al. Unpinning of a spiral wave anchored around a circular obstacle by an external wave train: common aspects of a chemical reaction and cardiomyocyte tissue [J]. Chaos, 2009, 19(4): 043114.

[49] HORNING M, ISOMURA A, JIA Z, et al. Utilizing the eikonal relationship in strategies for reentrant wave termination in excitable media [J]. Physical review E, 2010, 81(5): 056202.

[50] PUMIR A, SINHA S, SRIDHAR S, et al. Wave-train-induced termination of weakly anchored vortices in excitable media[J]. Physical review E, 2010, 81(1): 010901.

[51] FENTON F H, CHERRY E M, KARMA A, et al. Modeling wave propagation in realistic heart geometries using the phase-field method [J]. Chaos, 2005, 15(1): 013502.

[52] BUENO-OROVIO A, PEREZ-GARCIA V M. Spectral smoothed boundary methods:the role of external boundary conditions[J]. Numerical methods for partial differential equations,2006,22(2):435-448.

[53] BUENO-OROVIO A, PEREZ-GARCIA V M, FENTON F H. Spectral methods for partial differential equations in irregular domains: the spectral smoothed boundary method [J]. Siam journal on scientific computing, 2006, 28(3): 886-900.

[54] GAO X,FENG X,CAI M C,et al. Inwardly rotating spirals in nonuniform excitable media[J]. Physical review E,2012,85(1):016213.

[55] ZYKOV V S. Simulation of wave processes in excitable media[M]. Manchester:Manchester University Press, 1987.

[56] TYSON J J, KEENER J P. Singular perturbation-theory of traveling waves in excitable media[J]. Physica D, 1988, 32(3): 327-361.

[57] PERTSOV A M, WELLNER M, JALIFE J. Eikonal relation in highly dispersive excitable media [J]. Physical review letters, 1997, 78(13): 2656.6.2659.

[58] WELLNER M, PERTSOV A M. Generalized eikonal equation in excitable media[J]. Physical review E, 1997, 55(6): 7656.7661.

[59] HAKIM V, KARMA A. Theory of spiral wave dynamics in weakly excitable media: asymptotic reduction to a kinematic model and applications[J]. Physical review E, 1999, 60(5): 5073-5105.

[60] ZYKOV V S. Kinematics of rigidly rotating spiral waves[J]. Physica D-nonlinear phenomena, 2009, 238(11-12): 931-940.

[61] WINFREE A T. Varieties of spiral wave behavior: an experimentalist's approach to the theory of excitable media[J]. Chaos, 1991, 1(3): 303-334.

[62] PELCE P, JIONG S. Wave-front interaction in steadily rotating spirals [J]. Physica D, 1991, 48(2-3): 353-366.

[63] KARMA A. Scaling regime of spiral wave-propagation in single-diffusive media[J]. Physical review letters, 1992, 68(3): 397-400.

[64] ZYKOV V S. Selection mechanism for rotating patterns in weakly excitable media[J]. Physical review E, 2007, 75(4): 046203-04729.

[65] ZYKOV V S, OIKAWA N, BODENSCHATZ E. Selection of spiral waves in excitable media with a phase wave at the wave back[J]. Physical review letters, 2011, 107(25): 254101.

[66] MIKHAILOV A S, DAVYDOV V A, ZYKOV V S. Complex dynamics

of spiral waves and motion of curves[J]. Physica D, 1994, 70(1 – 2): 1 – 39.

[67] MARGERIT D, BARKLEY D. Cookbook asymptotics for spiral and scroll waves in excitable media[J]. Chaos, 2002, 12(3): 636 – 649.

[68] LOEBER J, ENGEL H. Analytical approximations for spiral waves [J], Chaos, 2013, 23(4): 043135.

[69] MIKHAILOV A S, ZYKOV V S. Kinematical theory of spiral waves in excitable media: comparison with numerical simulations[J]. Physica D 1991, 52(2): 379 – 397.

[70] MERON E. Pattern formation in excitable media[J]. Physics reports, 1992, 218(1): 1 – 66.

[71] WINFREE A T. Varieties of spiral wave behavior: An experimentalist's approach to the theory of excitable media[J]. Chaos, 1991, 1: 303 – 334.

[72] VANAG V K, EPSTEIN I R. Inwardly rotating spiral waves in a reaction-diffusion system[J]. Science, 2001, 294(5543): 835 – 837.

[73] VANAG V K, EPSTEIN I R. Packet waves in a reaction-diffusion system[J]. Physical review letters, 2002, 88(8): 088303.

[74] SHAO X, WU Y, ZHANG J, et al. Inward propagating chemical waves in a single-phase reaction-diffusion system[J]. Physical review letters, 2008, 100(19): 198304.

[75] YUAN X, WANG H, QI Q. Evidence of negative-index refraction in nonlinear chemical waves [J]. Physical review letters, 2011, 106 (18): 188303.

[76] WOLFF J, STICH M, BETA C, et al. Laser-induced target patterns in the oscillatory CO oxidation on Pt(110)[J]. Journal of physical chemistry B, 2004, 108(38): 14282 – 14291.

[77] SKODT H, SORENSEN P G. Antispirals in an artificial tissue of oscillatory cells[J]. Physical review E, 2003, 68(2): 020902.

[78] STRAUBE R, VERMEER S, NICOLA E M, et al. Inward rotating spiral waves in glycolysis[J]. Biophysical journal, 2010, 99(1): L4-L6.

[79] RABINOVITCH A, GUTMAN M, AVIRAM I. Inwards propagating waves in a limit cycle medium[J]. Physical review letters, 2001, 87(8): 084101.

[80] STICH M, MIKHAILOV A S. Complex pacemakers and wave sinks in heterogeneous oscillatory chemical systems[J]. Zeitschrift für physikalische chemie, 2002, 216(4): 521-533.

[81] GONG Y F, CHRISTINI D J. Antispiral waves in reaction-diffusion systems[J]. Physical review letters, 2003, 90(8): 088302.

[82] BRUSCH L, NICOLA E M, BAR M. Comment on "Antispiral waves in reaction-diffusion systems"[J]. Physical review letters, 2004, 92(8): 089801.

[83] GONG Y F, CHRISTINI D J. Comment on "Antispiral waves in reaction-diffusion systems"-reply[J]. Physical review letters, 2004, 92(8): 089802.

[84] WOO S J, LEE J, LEE K J. Spiral waves in a coupled network of sine-circle maps[J]. Physical review E, 2003, 68(1): 016208-0162011.

[85] NICOLA E M, BRUSCH L, BAR M. Antispiral waves as sources in oscillatory reaction-diffusion media[J]. Journal of physical chemistry B, 2004, 108(38): 14733-14740.

[86] BIKTASHEV V N. Causodynamics of autowave patterns[J]. Physical review letters, 2005, 95(8): 084501.

[87] XIE F, XIE D, WEISS J N. Inwardly rotating spiral wave breakup in oscillatory reaction-diffusion media[J]. Physical review E, 2006, 74

(2): 026107.

[88] CAO Z, ZHANG H, HU G. Negative refraction in nonlinear wave systems[J]. Europhysics letters, 2007, 79(3): 34002.

[89] HUANG X, LIAO X, CUI X, et al. Nonlinear waves with negative phase velocity[J]. Physical review E, 2009, 80(3): 036211.

[90] ZHANG R, YANG L, ZHABOTINSKY A M, et al. Propagation and refraction of chemical waves generated by local periodic forcing in a reaction-diffusion model[J]. Physical review E, 2007, 76(1): 016201.

[91] LI B W, GAO X A, DENG Z G, et al. Circular-interface selected wave patterns in the complex Ginzburg-Landau equation[J]. Europhysics letters, 2010, 91(3): 34001.

[92] MASELKO J, SHOWALTER K. Chemical waves on spherical surfaces [J]. Nature, 1989, 339(6226): 609 – 611.

[93] DAVIDSEN J, GLASS L, KAPRAL R. Topological constraints on spiral wave dynamics in spherical geometries with inhomogeneous excitability[J]. Physical review E, 2004, 70(5): 056203.

[94] WANG C, ZHANG C, QI Q. Propagation of wave modes and antispiral waves in a reaction-diffusion system[J]. Physical review E, 2006, 74(3): 036208.

[95] GONG Y F, CHRISTINI D J. Functional reentrant waves propagate outwardly in cardiac tissue[J]. Physics letters A, 2004, 331(3 – 4): 209 – 216.

[96] BAR M, KEVREKIDIS I G, ROTERMUND H H, et al. Pattern formation in composite excitable media[J]. Physical review E, 1995, 52 (6): R5739 – R5742.

[97] VINSON M. Interactions of spiral waves in inhomogeneous excitable media[J]. Physica D, 1998, 116(3 – 4): 313 – 324.

[98] HENDREY M, OTT E, ANTONSEN T M. Effect of inhomogeneity on spiral wave dynamics[J]. Physical review letters,1999,82(4):859-862.

[99] XIE F G, QU Z L, WEISS J N, et al. Coexistence of multiple spiral waves with independent frequencies in a heterogeneous excitable medium[J]. Physical review E, 2001, 63(3): 031905.

[100] ZHAN M, LUO J, GAO J. Chirality effect on the global structure of spiral-domain patterns in the two-dimensional complex Ginzburg-Landau equation[J]. Physical review E, 2007, 75(1): 016214.

[101] SMOLKA L B, MARTS B, LIN A L. Effect of inhomogeneities on spiral wave dynamics in the Belousov-Zhabotinsky reaction[J]. Physical review E, 2005, 72(5): 056205.

[102] LAZAR A, FORSTERLING H D, FARKAS H, et al. Waves of excitation on nonuniform membrane rings, caustics, and reverse involutes [J]. Chaos, 1997, 7(4): 731-737.

[103] LI B W, ZHANG H, YING H P, et al. Sinklike spiral waves in oscillatory media with a disk-shaped inhomogeneity[J]. Physical review E, 2008, 77(5): 056207.

[104] HAN J, MOE G K. Nonuniform recovery of excitability in ventricular muscle[J]. Circulation research, 1964, 14(1): 44-60.

[105] XU A X, GUEVARA M R. Two forms of spiral-wave reentry in an ionic model of ischemic ventricular myocardium[J]. Chaos, 1998, 8(1):157-174.

[106] NISHIYAMA N. Eccentric motions of spiral cores in aggregates of dictyostelium cells[J]. Physical review E,1998,57(4):4622-4626.

[107] TOTH R, COSTELLO B D L, STONE C, et al. Spiral formation and degeneration in heterogeneous excitable media[J]. Physical review E, 2009, 79(3): 035101.

[108] BAR M, MERON E, UTZNY C. Pattern formation on anisotropic and heterogeneous catalytic surfaces[J]. Chaos, 2002, 12(1): 204 – 214.

[109] KARMA A. Universal limit of spiral wave-propagation in excitable media[J]. Physical review letters, 1991, 66(17): 2274 – 2277.

[110] JAHNKE W, SKAGGS W E, WINFREE A T. Chemical vortex dynamics in the Belousov-Zhabotinsky reaction and in the 2-variable oregonator model[J]. Journal of physical chemistry, 1989, 93(2): 740 – 749.

[111] RUDZICK O, MIKHAILOV A S. Front reversals, wave traps, and twisted spirals in periodically forced oscillatory media[J]. Physical review letters, 2006, 96(1): 018302.

[112] ZYKOV V S, MULLER S C. Suppression of spiral turbulence in two-component excitable media[J]. Chaos solitons & fractals, 1999, 10 (4 – 5): 777 – 782.

[113] IKEDA T, UCHIDA T, HOUGH D, et al. Mechanism of spontaneous termination of functional reentry in isolated canine right atrium-evidence for the presence of an excitable but nonexcited core[J]. Circulation, 1996, 94(8): 1962 – 1973.

[114] KARAGUEUZIAN H S, ATHILL C A, YASHIMA M, et al. Transmembrane potential properties of atrial cells at different sites of a spiral wave reentry: cellular evidence for an excitable but nonexcited core[J]. Pace-pacing and clinical electrophysiology, 1998, 21(11): 2360 – 2365.

[115] WINFREE A T. The geometry of biological time[M]. New York: Springer, 2001.

[116] MIKHAILOV A S. Foundations of synergetics I: distributed active

systems[M]. Berlin Heidelberg: Springer, 1994.

[117] LEWIS T J, KEENER J P. Wave-block in excitable media due to regions of depressed excitability[J]. Siam journal on applied mathematics, 2000, 61(1): 293 – 316.

[118] AGLADZE K, TOTH A, ICHINO T, et al. Propagation of chemical waves at the boundary of excitable and inhibitory fields[J]. Journal of physical chemistry A, 2000, 104(29): 6677 – 6680.

[119] PUMIR A, NIKOLSKI V, HOERNING M, et al. Wave emission from heterogeneities opens a way to controlling chaos in the heart[J]. Physical review letters, 2007, 99(20): 208101.

[120] TAKAGI S, PUMIR A, PAZO D, et al. Unpinning and removal of a rotating wave in cardiac muscle[J]. Physical review letters, 2004, 93(5): 058101.

[121] GORECKI J, GORECKA J N, IGARASHI Y, et al. Information processing with structured chemical excitable medium[C]. Proceedings of the 2nd International Workshop on Natural Computing, Nagoya, Japan, 2009.

[122] GORECKI J, GORECKA J N, IGARASHI Y. Information processing with structured excitable medium[J]. Natural computing, 2009, 8(3):473 – 492.

[123] ZHANG G M, WONG I, CHOU M T, et al. Towards constructing multi-bit binary adder based on Belousov-Zhabotinsky reaction[J]. Journal of chemical physics, 2012, 136(16): 164108.

[124] STEINBOCK O, ZYKOV V S, MULLER S C. Wave-propagation in an excitable medium along a line of a velocity jump[J]. Physical review E, 1993, 48(5): 3295 – 3298.

[125] ZYKOV V S, SHOWALTER K. Wave front interaction model of sta-

bilized propagating wave segments[J]. Physical review letters, 2005, 94(6): 068302.

[126] ZYKOV V S. Kinematics of wave segments moving through a weakly excitable medium [J]. European physical journal-special topics, 2008, 157:209-221.

[127] KOTHE A, ZYKOV V S, ENGEL H. Second universal limit of wave segment propagation in excitable media[J]. Physical review letters, 2009, 103(15): 154102.

[128] CARMELITE E, VEREECKE J. Cardiac cellular electrophysiology [M]. New York: Springer, 2002.

[129] ALONSO S, BAR M. Reentry near the percolation threshold in a heterogeneous discrete model for cardiac tissue[J]. Physical review letter, 2013, 110:158101.

[130] GAO X, ZHANG H. Mechanism of unpinning spirals by a series of stimuli[J]. Physical review E, 2014, 89:062928-062932.

[131] QUAIL T, SHRIER A, GLASS L. Spiral symmetry breaking determines spiral wave chilarity [J]. Physical review letter, 2014, 113:158101.

[132] FENG X, GAO X, TANG J M, et al. Wave trains induced by circularly polarized electric fields in cardiac tissues[J]. Scientific reports, 2015, 5:13349-13357.

[133] KAZBANOV I V, TEN TUSSCHER K H W J, PANFILOV A V. Effects of heterogeneous diffuse fibrosis on arrhythmia dynamics and mechanism[J]. Scientific reports, 2016, 6:20835.

[134] FENTON F H, CHERRY E M, HASTINGS H M, et al. Multiple mechanisms of spiral wave breakup in a model of cardiac electrical activity[J]. Chaos, 2002, 12:852-892.

[135] CHERRY E M, FENTON F H. Suppression on alternans and conduction blocks despite steep APD restitution: electrotonic, memory, and conduction velocity restitution effects[J]. American journal of physiology, 2004, 286:H2332 - H2341.

[136] GELZER A R M, KOLLER M L, OTANI N F, et al. Dynamic mechanism for initiation of ventricular fibrillation in vivo[J]. Circulation, 2008, 118:1123 - 1129.

[137] BUENO-OROVIO A, HANSON B M, GILL J S, et al. In vivo human left-to-right ventricular differences in rate adaptation transiently increase pro-arrhythmic risk following rate acceleration[J]. PLoS one, 2012, 7:e52234.

[138] BUENO-OROVIO A, CHERRY E M, EVANS S J, et al. Basis for the unduction of tissue-level phase-2 reentry as a repolarization disorder in the Brugada syndrome[J]. BioMed research international, 2015, 2015:197586.

[139] PUMIR A, ARUTUNYAN A, KRINSKY V, et al. Genesis of ectopic waves: role of coupling, automaticity, and heterogeneity[J]. Biophys journal, 2005, 89:2332 - 2349.

[140] BIKTASHEV V N, ARUTUNYAN A, SARVAZYAN N A. Generation and escape of local waves from the boundary of uncoupled cardiac tissue[J]. Biophys journal, 2008, 94:3726 - 3738.

[141] KUDRYASHOVA N N, KAZBANOV I V, PANFILOV A V, et al. Conditions for waveblock due to anisotropy in a model of human ventricular tissue[J]. PLoS one, 2015, 10:e0141832.

[142] GAO X, ZHANG H, ZYKOV V S, et al. Stationary propagation of a wave segment along an inhomogeneous excitable stripe[J]. New journal of physics, 2014, 16:033012.

[143] RUDY Y. Reentry-insights from theoretical simulations in a fixed pathway[J]. Journal of cardiovasc electrophysiology,1995,6:294 – 312.

[144] ZYKOV V, KREKHOV A, BODENSCHATZ E. Fast propagation regions cause self-sustained reentry in excitable media[J]. Proceedings of the National Academy of Sciences of the United States of America,2017,114:1281 – 1286.

[145] ZYKOV V, KREKHOV A, BODENSCHATZ E. Geometrical factors in propagation block and spiral wave initiation[J]. Chaos, 2017, 27: 093923.

[146] KEENER J P. Waves in excitable media[J]. Siam journal on applied mathematics, 1980, 39(3): 528 – 548.

[147] ALLEN S M, CAHN J W. A microscopic theory for antiphase boundary motion and its application to antiphase domain coarsening[J]. Acta metallurgica, 1979, 27(6): 1085 – 1095.

[148] HODGKIN A L, HUXLEY A F. A quantitative description of membrane current and its application to conduction and excitation in nerve [J]. Journal of physiology, 1952, 117(4): 500 – 544.

[149] BEELER G W, REUTER H. Reconstruction of action potential of ventricular myocardial fibers[J]. Journal of physiology, 1977, 268 (1): 177 – 210.

[150] IYER V, MAZHARI R, WINSLOW R L. A computational model of the human left-ventricular epicardial myocyte[J]. Biophysical journal, 2004, 87(3): 1507 – 1525.

[151] FENTON F, KARMA A. Vortex dynamics in three-dimensional continuous myocardium with fiber rotation: filament instability and fibrillation[J]. Chaos, 1998, 8(1): 20 – 47.

附录：相场法

在模拟一些对应真实系统的时候,我们需要得到比较精确的解,但这些模型的形状可能是比较复杂的。一个重要的应用就是真实的心脏模型(图1),它的解剖形状是不规则的,边界满足零流边界条件。简单的实现方式是有限差分法:通过定义边界外附加的格点的值来解决这个问题。进一步处理这些格点的值有多种不同的方法。然而,这些处理方式一个不太理想的地方是,同一个格点可能被多次赋值,这个格点上的值取决于最后使用了哪个邻近格点,而随着时间的变化,不同形状边界下的格点可能要通过不同的算法来确定。另一种常用的方法称为有限元法,这种方法可以很自然地处理零流边界条件。但是在相同格点间距的情况下,使用有限元法来进行数值模拟要比使用有限差分法更费时,也更难以应用。

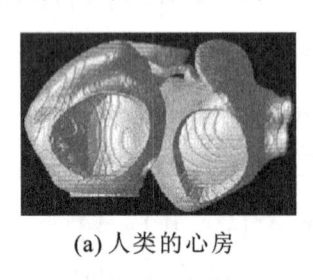

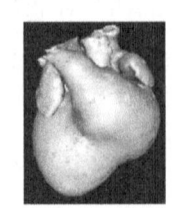

(a) 人类的心房　　(b) 犬类的心室

(c) 猪的心室　　(d) 犬类的整个心脏

图1　心脏的解剖结构扫描图[18]

为了克服上述问题,我们介绍一种新的算法:相场法[51-54],它可以在任意形状的边界上实现零流边界条件。这种方法已经成功运用于心脏模拟[51]等各种问题中,如图 2 所示。它的主要优点在于能处理各种复杂几何边界中的零流边界问题。

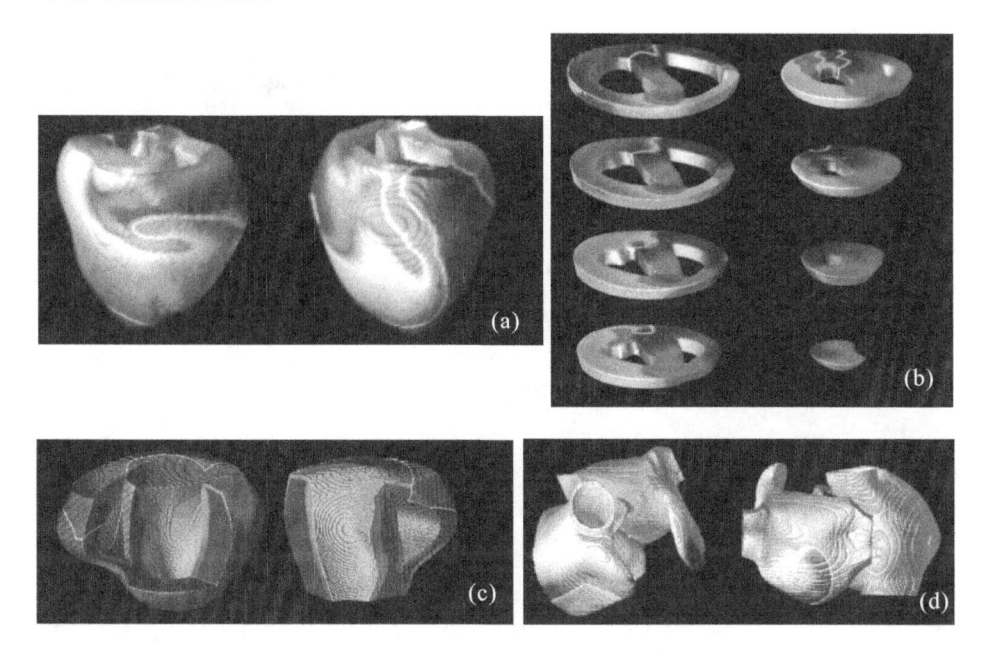

图 2 用相场法做出的真实心脏解剖模型[51]

所谓相场法,就是一种通过引入一个辅助的场,称为相场,来解决边界问题的数学模型。

在使用相场法解决不规则的零流边界问题时,引入一个辅助场 ϕ。在一个封闭的区域内,我们让边界里面和外面的 ϕ 各取不同的值,在连接内外宽度很小的边界面上 ϕ 平滑地变化。通常,可以简单地在边界内部取 $\phi=1$,在边界外部取 $\phi=0$。在一维的情形时,随着坐标的变化,ϕ 就以光滑曲线的形式从 0 变为 1(图 3)。

在相场法的各种平滑方法中,交界面上相场的具体形式并不是算法成功的关键所在。因此在这里,我们介绍一种简单易行的方法:松弛法(relaxation method)来平滑相场的取值。

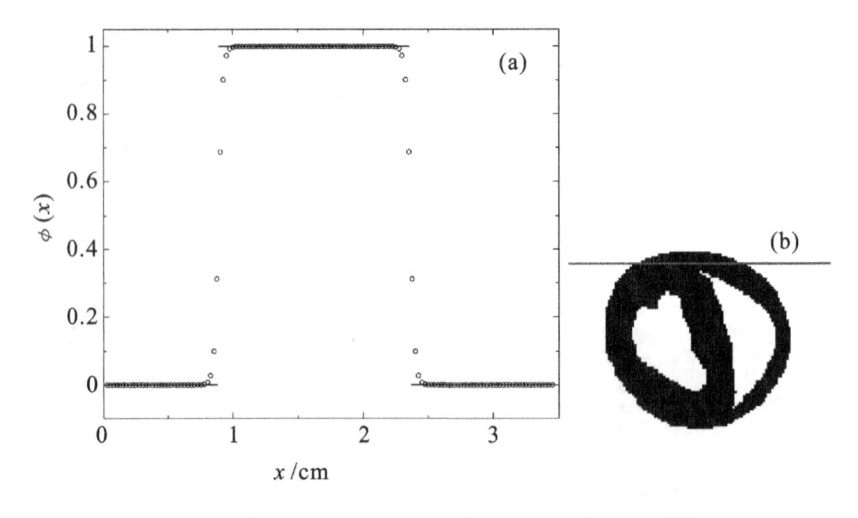

图3 相场 ϕ 的值及其对应于心脏模型中的区域[51]

松弛法中,ϕ 的值由下式来平滑:

$$\frac{\partial \phi}{\partial t} = \xi^2 \nabla^2 \phi - \frac{\partial G(\phi)}{\partial \phi} \tag{1}$$

其中,ξ 是控制边界宽度的常量,$G(\phi)$ 是一个双势阱函数,它的标准形式为

$$G(\phi) = \frac{(2\phi-1)^2}{4} + \frac{(2\phi-1)^4}{8} \tag{2}$$

在 $\phi=1$ 和 $\phi=0$ 的时候,$G(\phi)$ 取最小值。由此,在边界的内部和外部 ϕ 值固定为 1 和 0,在里外交界处平滑地从 1 变为 0。

在数值模拟时我们对(1)进行离散化。为了满足 $\frac{(\mathrm{d}x)^2}{\mathrm{d}t} \geq 4$ 时偏微分方程(1)才有稳定解,所以在空间步长选定后,时间步长 $\mathrm{d}t$ 的取值存在上述限制条件。选定合适的时间步长,使方程不断迭代,直至 ϕ 值在边界上呈一条平滑稳定不变的曲线。

在具体的应用中,为了节约计算时间,我们只需让 ϕ 在某一时刻内的变化最大的值足够小(设为 Δ)的时候停止迭代即可。我们认为此时边界上的 ϕ 已经足够平滑稳定。

上述就是我们所用的松弛法。正如我们之前所说,交界面上 ϕ 的具体形式并不是相场法成功的关键所在,所以除了松弛法,还有一种波谱平滑边界法(spectral smoothed boundary method)[52],其使用傅里叶展开,优点是在进行数值模拟时对格点的步长没有限制。因为波谱平滑边界法的内容和应用比较复杂,这里就不再展开讨论。

本书第2章中所使用的相场,经过上述松弛法平滑化的过程,最后的结果如图4所示。

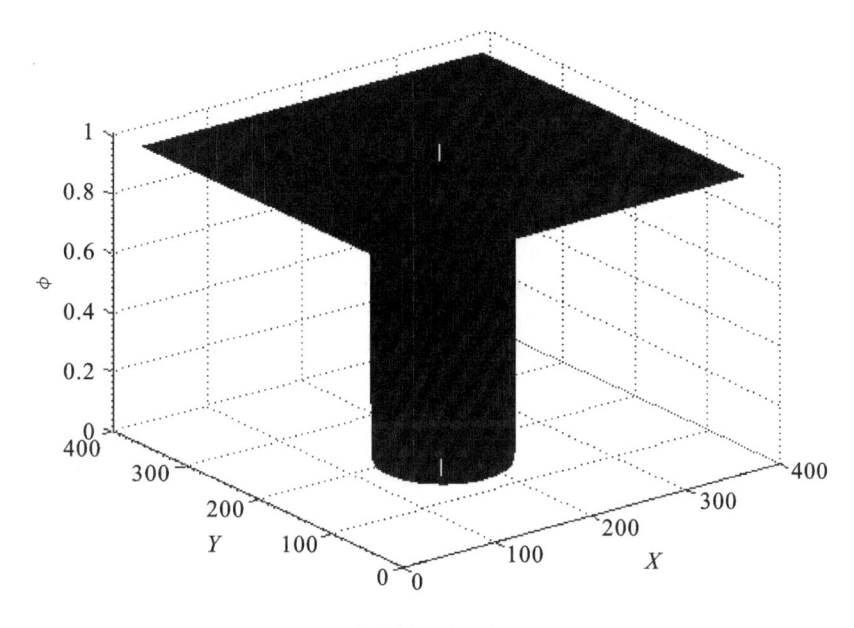

图4 本书第2章所使用的相场

得到了平滑的相场后,我们就可使用相场法建立零流边界条件。在这之前我们想强调一下,这种方法不仅可以应用于反应扩散方程,也可以应用在其他形式的偏微分方程上。我们在下文使用的是一个反应扩散方程:

$$\partial_t u = \nabla(D\nabla u) + f(u,t) \tag{3}$$

如图5,函数u定义在区域Ω上,D是扩散系数,$f(u,t)$代表系统的动力学函数,u在边界上满足零流边界条件:

$$\boldsymbol{n} \cdot D\nabla u = 0 \tag{4}$$

相对于正常的离散方程(3),将相场加入其中,方程(3)就变为

$$\partial_t(\phi^{(\xi)}u^{(\xi)}) = \nabla(\phi^{(\xi)}D\nabla u^{(\xi)}) + \phi^{(\xi)}f(u,t) \tag{5}$$

$u^{(\xi)}$ 定义在区域 $\Omega' \subset R^n$ 上，Ω' 封闭且规则，并且满足下列条件：① $\Omega \subset \Omega'$；② $\partial\Omega \cap \partial\Omega' = \varnothing$，即新的区域必须覆盖原有区域，同时两者的边界不重叠。$\phi^{(\xi)}$ 是 Ω' 里的连续函数，在区域 Ω 里其值为 1，在 Ω 外的区域平滑地减小为 0（图 5）。ξ 可以控制衰减区域的宽度。也就是说，如果定义一个特征函数

$$\chi_\Omega = \begin{cases} 1, & \chi \in \Omega, \\ 0, & \chi \in \Omega' - \Omega \end{cases} \tag{6}$$

则

$$\lim_{\xi \to 0} \phi^{(\xi)} = \chi_\Omega \tag{7}$$

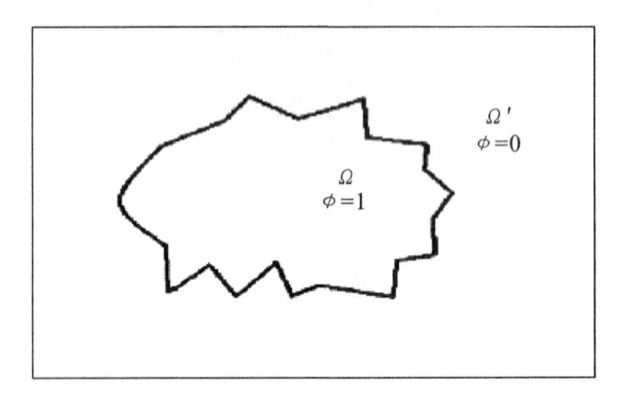

$\Omega \subset \Omega', \partial\Omega \cap \partial\Omega' = \varnothing$

图 5 ϕ 场分布图

相场法的主要思想就是：当 $\xi \to 0$ 时，方程(5)的解 $u^{(\xi)}$，无论它的区域 Ω' 是什么形状，也无论在 $\partial\Omega'$ 上它有什么样的边界条件，这时都满足 $u^{(\xi)} \to u$。就是说，这些解满足方程(3)，同时自动包含了边界条件(4)。因为首先，在区域 Ω 里时 $\phi^{(\xi)} = 1$，所以辅助问题(5)就简化为方程(3)。其次，为了了解不规则区域边界上的解的行为，我们来考虑简单的一维情形。图 6 展示了 ξ 取 0.075、0.005 和 0.025 时 $\phi(x)$ 的光滑曲线，外区域交界面的宽度大约为 4ξ。

在这种情况下，方程(5)可以写成

$$\partial_x(\phi^{(\xi)}D\partial_x u^{(\xi)}) = \partial_t(\phi^{(\xi)}u^{(\xi)}) - \phi^{(\xi)}f(u^{(\xi)},t) \tag{8}$$

假设边界坐标为 $x=a$。从图6也可看出，边界的宽度大约为 4ξ。在边界上 $\phi(a-\xi) \approx 1, \phi(a+\xi) \approx 0$。因此在边界附近积分，可得

$$\phi^{(\xi)}D\partial_x u^{(\xi)}\Big|_{a-\xi}^{a+\xi} = \int_{a-\xi}^{a+\xi}[\partial_t(\phi^{(\xi)}u^{(\xi)}) - \phi^{(\xi)}f(u,t)]\mathrm{d}x \tag{9}$$

所以

$$0 - D\partial_x u^{(\xi)}\Big|_{a-\xi} = \int_{a-\xi}^{a+\xi}[\partial_t(\phi^{(\xi)}u^{(\xi)}) - \phi^{(\xi)}f(u,t)]\mathrm{d}x \tag{10}$$

故

$$D\partial_x u^{(\xi)}\Big|_{a-\xi} = -\int_{a-\xi}^{a+\xi}[\partial_t(\phi^{(\xi)}u^{(\xi)}) - \phi^{(\xi)}f(u,t)]\mathrm{d}x \tag{11}$$

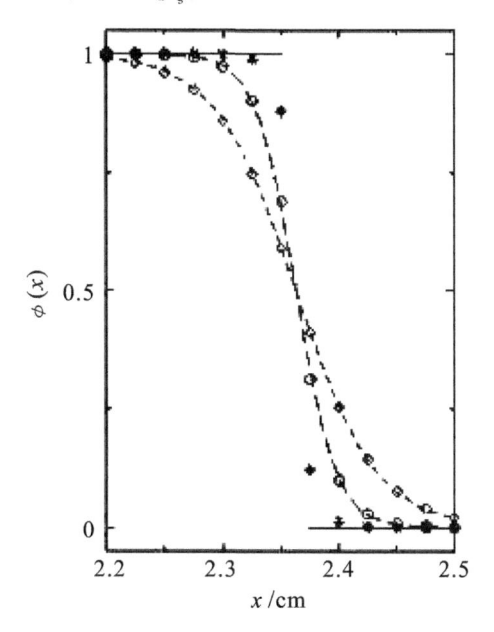

图6 ξ 取不同值时的平滑曲线[51]

当 $\xi \to 0$ 时，(11)式中 $\phi^{(\xi)}$ 的解和其对时间的导数都是有界的，就像很多我们感兴趣的问题，比如相边界(phase boundaries)[147]、非线性化学反应(nonlinear chemical reactions)[5]、神经电流(electrical properties of neural)[148]、心脏细胞[149-151]等等,用平均值定理积分我们就可以得到

$$D\partial_x u^{(\xi)}\Big|_a \approx C\xi \qquad (12)$$

当 $\xi \to 0$ 时,$\partial_x u^{(\xi)}\big|_a \approx 0$,也就是说零流边界条件在(12)式近似满足。

需要说明的是,(5)式中的 $\phi^{(\xi)}$ 是加在 ∇u 前,而不是加在 u 前面。这因为 ∇u 代表流,这样在 $\phi^{(\xi)}=0$ 时,表示边界外无流,在 $\phi^{(\xi)}=1$ 时恢复了边界内的流,这正是边界上的零流。

综上,我们证明了原变量 u 和新变量 $u^{(\xi)}$,当 $\xi \to 0$ 时在区域 Ω 里满足同样的偏微分方程,在 $\partial\Omega$ 上满足同样的边界条件。

相场法的思想就是离散方程(5),里面的 ξ 是一个有限小量。$\partial\Omega'$ 上的边界条件可以是任意的,而在 $\partial\Omega$ 上的边界条件已经通过 $\xi \to 0$ 得到满足。由于相场计算不限于算法,速度也很快,所以上述相场法的另一个优点是可以处理随时间变化的零流边界。